# 难选铅锌硫化矿电位调控浮选机理与应用

罗仙平　著

北　京
冶　金　工　业　出　版　社
2010

## 内容提要

本书以几种典型复杂难选铅锌硫化矿石为研究对象，利用电化学原理与实验方法对闪锌矿、方铅矿、磁黄铁矿及铁闪锌矿等硫化矿的表面氧化行为、电化学浮选行为及机理进行了研究，设计了复杂难选铅锌硫化矿石电位调控浮选新工艺，并进行了小型试验，在小型试验的基础上成功地把电位调控浮选技术应用于生产实践，取得了较好的选别指标。这些内容旨在为复杂难选铅锌硫化矿石的浮选分离问题的解决提供技术思路。

本书可供高等学校、科研院所的相关研究人员，高等学校矿物加工工程、冶金工程等专业高年级学生及研究生，矿业企业的工程技术人员等阅读参考。

**图书在版编目(CIP)数据**

难选铅锌硫化矿电位调控浮选机理与应用/罗仙平著.
—北京：冶金工业出版社，2010.5
ISBN 978-7-5024-5258-2

Ⅰ.①难…　Ⅱ.①罗…　Ⅲ.①铅矿物—电浮选法
②锌矿物—电浮选法　Ⅳ.①TD952

中国版本图书馆 CIP 数据核字(2010)第 068137 号

出 版 人　曹胜利
地　　址　北京北河沿大街嵩祝院北巷 39 号，邮编 100009
电　　话　(010) 64027926　电子信箱　postmaster@cnmip.com.cn
策划编辑　张　卫　责任编辑　王雪涛　美术编辑　张媛媛
版式设计　葛新霞　责任校对　石　静　责任印制　牛晓波
ISBN 978-7-5024-5258-2
北京百善印刷厂印刷；冶金工业出版社发行；各地新华书店经销
2010 年 5 月第 1 版，2010 年 5 月第 1 次印刷
148mm×210mm；5.375 印张；156 千字；156 页
**25.00** 元

**冶金工业出版社发行部　电话：(010)64044283　传真：(010)64027893**
**冶金书店　地址：北京东四西大街 46 号(100711)　电话：(010)65289081**
（本书如有印装质量问题，本社发行部负责退换）

# 前　言

浮选电化学是现代硫化矿浮选研究的主要方向之一，铅锌铁硫化矿是浮选电化学研究的重要内容。目前矿产资源日趋贫、细、杂，选别作业难度也日益加大，而随国民经济的快速发展，对高品质的矿产原料及有色金属的需求量却不断增加。如何缓解这一矛盾，实现复杂矿产资源的综合利用，保证国民经济的可持续发展，已成为当代浮选科技的重大问题之一。正在研究和发展中的电位调控浮选新技术，具有选择性好、药剂耗量低的特点，是21世纪矿物加工领域重要发展方向。

浮选电化学经近50年的发展，已经初步形成了一套较完善的硫化矿浮选电化学理论，以此为基础形成的电位调控浮选技术在矿山应用上也取得了可喜的成绩。1996年以来以王淀佐院士为首的学术梯队成功地将高碱原生电位调控浮选工艺应用于矿山生产，实现了硫化矿电位调控浮选的工业化。该工艺在全国十几家铅锌矿山企业得到推广，取得了巨大的经济效益和社会效益，为硫化矿的高质量选矿提供了新的思路。

我国已成为世界上重要的铅锌资源和生产大国，但国内大部分资源铅锌嵌布粒度细微，结构构造复杂，尤其是铅低锌高，且锌资源储量中铁闪锌矿占有相当大的比例，另外一些铅锌矿石不同程度受到氧化，选矿存在的问题是：铅、锌分离难，铅锌分选获得的铅、锌精矿质量差，铅、锌回收率较低与选矿成本高等，这是国内外铅锌矿选矿长期存在的重大技术难题。尽管高碱原生电位调控浮选工艺应用成熟，但高碱工艺解决不了富含铁闪锌矿的难选铅锌矿石选矿的问题，同时因矿石氧化而产生的$Pb^{2+}$等重金属离子对锌硫矿物的活化，也使得单靠石灰调浆的高碱电位调控浮选工艺难以有效分离铅锌矿物。要将电位调控浮选工艺真正应用于富含铁闪锌矿或部分氧化的难选铅锌矿石的生产实践，还有相当繁重的工作要做。

本书本着将电位调控浮选工艺应用于富含铁闪锌矿或部分氧化的难选铅锌矿石的生产实践，首先分析了富含铁闪锌矿或部分氧化的铅锌矿石铅锌浮选分离困难的原因，然后利用电化学原理与实验方法对闪锌矿、方铅矿、磁黄铁矿及铁闪锌矿等硫化矿的表面氧化行为、电化学浮选行为及机理进行了系统研究。通过热力学计算，绘制了闪锌矿、方铅矿、磁黄铁矿及铁闪锌矿在有无捕收剂体系中的Eh-pH图，确定了表面氧化产物硫为硫化矿物无捕收剂浮选的疏水物质，随着pH值升高、电位Eh增加，其表面氧化产物由疏水产物硫向亲水$S_2O_3^{2-}$、金属氢氧化物等转换，可浮性降低；阐明了在乙硫氮（二乙基二硫代氨基甲酸钠）体系中，表面氧化产物$PbD_2$（二乙基二硫代氨基甲酸铅）为方铅矿浮选的疏水物质，$D_2$（二乙基二硫代氨基甲酸的二聚物）为磁黄铁矿浮选的疏水物质；在丁黄药体系中，经$CuSO_4$活化后的闪锌矿表面的疏水产物主要为CuBX（丁基黄原酸铜），当电位处于0.1～0.2V之间时也可能存在$(BX)_2$（双丁基黄原酸）的疏水作用；通过对方铅矿静电位测试，推断出方铅矿表面与乙硫氮作用的产物是$PbD_2$；通过循环伏安测试，找出了方铅矿与其电位Eh、pH值及捕收剂浓度的最佳匹配关系；利用控制电位暂态方法对电极的氧化进行了研究，得出方铅矿电极在pH值为11.03的溶液中氧化的动力学方程；通过循环伏安扫描曲线分析出经$CuSO_4$活化后的闪锌矿在 pH 值为 12.8，电位小于 0.2V 情况下可以用黄药浮选；通过 Tafel 测试，得出水体系中 pH 值对铁闪锌矿表面腐蚀动力学的影响，确定了捕收剂与铁闪锌矿作用机理；恒电位阶跃实验表明，在乙硫氮体系中磁黄铁矿表面存在电化学吸附，$D_2$ 的产生是分步进行的，磁黄铁矿在强碱条件下作用比 pH 值为 9.18 时弱，形成的产物分子层薄。同时本书还对方铅矿、闪锌矿、磁黄铁矿及铁闪锌矿四种矿物的浮选行为进行了研究，得出了不同矿浆电位 Eh、矿浆 pH 值、捕收剂浓度 $C$ 条件下的浮选行为曲线，由此说明，对于硫化矿物的浮选，Eh、pH 值、$C$ 是三个基本参数，Eh、pH 值、$C$ 参数的耦合，是硫化矿物浮选的关键，并且硫化矿物的浮选有不同的 Eh、pH 值、$C$ 区间。据此，进行了复杂铅锌硫化矿电位调控浮选工艺设计，在小型试验的基础上成功地把电位调控浮选技术应用于四川会理锌矿、四川省会东铅锌矿、内蒙古东升庙矿业有限责任公司多金属硫化矿的浮选试验，结果表明，新工艺获得了成功，铅、锌精矿品位和回收率得到大幅提高，药剂成本明显降低。该工艺自 2002 年 10 月从实验室走向工业生产，已经为多个难选铅锌矿山带来了显著的经济效益和社会效益。当然，本书所介绍的一些阶段性的研究结果还有待进一步地完善与提高。

本书是作者多年科研成果的汇总，研究内容先后得到了国家青年科学基金（项目编号 50704018）、科技部科研院所技术开发研究专项（NCSTE-2007-JKZX-069）、国家重大产业技术开发专项（发改办高技［2007］3194 号）、江西省自然科学基金（项目编号 0450068、2007GQC0643）、江西省教育厅科技重点计划项目（GJJ08267）与江西省青年科学家（井冈之星）培养计划

(2007DQ00400）等项目的资助，同时还得到了四川会理锌矿有限责任公司、四川省会东铅锌矿、内蒙古东升庙矿业有限责任公司、南京银茂铅锌矿业有限公司、江西铜业集团公司、四川省里伍铜业股份有限公司、新疆鄯善县众和矿业有限责任公司、安徽铜陵化工集团等单位的资助。研究工作得到了作者的导师、前中国工程院常务副院长王淀佐院士与北京科技大学孙体昌教授的悉心指导；江西理工大学、北京科技大学中与矿物加工学科相关的老师、王淀佐院士学术团队的其他老师及作者指导的20多名研究生为本书涉及的研究内容都做出了相应的贡献。四川会理锌矿有限公司、四川省会东铅锌矿、内蒙古东升庙矿业有限责任公司等为现场工业实验研究和新工艺的产业化提供了大力帮助，这些单位领导、工程技术人员与工人都付出了辛勤劳动，作者一并表示衷心地感谢！

由于水平和时间有限，书中不妥之处恳请读者批评指正！

作 者

2010年1月

# 主要符号及意义

| 符号 | 物理意义 | 单位 |
| --- | --- | --- |
| pH | 矿浆酸碱度 | |
| SHE | 标准氢标电位 | mV，V |
| Eh | 矿浆电位 | mV，V |
| $E^{\ominus}$ | 标准电极电位 | mV，V |
| $E$ | 电极电位 | mV，V |
| $T$ | 温度 | K |
| $F$ | 法拉第常数 | 96500C/mol |
| $n$ | 化学反应转移的电子数 | 个 |
| [O] | 氧化态物质的活度 | |
| [R] | 还原态物质的活度 | |
| $\Delta G^{\ominus}$ | 化学反应的标准吉布斯自由能 | J |
| $R$ | 回收率 | % |
| $C$ | 物质的浓度 | mol/L |

# 目　录

# 第1章 绪 论

## 1.1 难选铅锌矿石清洁选矿技术的需求与新挑战

### 1.1.1 难选铅锌矿石清洁选矿新技术的需求

我国锌金属储量占世界总储量的25%，居世界第二位。随着多年的发展，我国已经成为世界上主要的铅锌生产大国和铅锌产品出口大国，尤其是近几年来，我国铅锌冶炼能力急剧扩张，国内铅锌矿山原料生产的不足已成为制约铅锌工业可持续发展的关键性因素，尽管近年来利用国外铅锌矿产资源的工作取得了一定进展，但总体上还处于初始阶段，因此加强国内现有铅锌矿山资源的综合利用，尤其是加强对复杂难选的铅锌资源的开发和利用就具有重要意义。

在我国，从探明的铅锌资源分布来看，目前已经形成五大铅锌矿产集中地区：

(1) 岭南地区：包括湘南、粤北和桂东，其点多量大、资源利用率高，现已建成的大中型矿山有15座，包括凡口、桃林、水口山、黄沙坪等，该地区是我国最重要的铅锌工业基地。

(2) 川、滇、黔地区：虽然现在开采的矿山以中、小型为主，但特大型的兰坪金顶铅锌矿将成为最重要的铅锌矿产基地。此外，云南会泽、鲁甸、巧家，四川会理锌矿区、四川省会东铅锌矿区均为铅锌储量大且品位较富的矿产地。从目前形势看，川、滇、黔地区是21世纪我国潜力最大的铅锌资源基地。

(3) 西北地区：铅锌资源丰富，除了目前正在开采的几个中、小型矿山以外（如甘肃小铁山、陕西大西沟等），已建成的厂坝铅锌矿是我国生产规模最大的铅锌矿山，青海的锡铁山与陕西铅峒山储量亦大且品位高。

(4) 华北地区：储量大的有内蒙古东升庙矿区，此外还有内蒙古的白音诺尔和河北的蔡家营。

(5) 东北地区：是我国较早开发的铅锌生产地区之一，许多矿山已开采多年，有待于进一步寻找和开发新的铅锌矿床。

除了上述几个集中的地区以外，还有一些对我国铅锌矿生产来说具有重要意义的矿山，如江西的银山、冷水坑，江苏南京的栖霞山，浙江的五部等。

我国铅锌矿资源的一大特点是铅低锌高。国外铅锌矿的铅锌比为1∶1.2，我国平均为1∶2.5，云南省为1∶2.5，而众多的铅锌矿区铅锌比为1∶(6～10)，如四川会理锌矿区、四川省会东铅锌矿区、内蒙古东升庙矿区、广西大厂矿区等。铅锌比过高，在铅锌浮选分离时，一方面要用大量抑制剂抑制硫化锌矿物，造成选矿成本偏高；另一方面，因浮选药剂选择性不够，将导致选铅时夹带大量的锌矿物而使铅精矿锌杂质含量较高，同时受大量抑制剂抑制的硫化锌矿物难于活化而影响锌的回收率。因此铅低锌高的铅锌矿要更难处理一些，必须要有与此相适应的浮选工艺。

我国铅锌矿资源的另一大特点是锌矿储量中铁闪锌矿占有相当大的比例，以云南为例，高铁闪锌矿资源的锌储量占云南锌资源的1/3。国内典型的铁闪锌矿矿山有广东厚婆坳，广西大厂、河三，湖南黄沙坪、野鸡尾、潘家冲，云南都龙、澜沧，贵州赫章，四川会理，青海锡铁山，内蒙古东升庙，黑龙江西林，吉林放牛沟，江西银山，这些矿山的铁闪锌矿含铁量为8%～12%，有的高达26%。由于铁闪锌矿既具有闪锌矿的特性，又具有黄铁矿的特性，在抑锌浮铅的浮选分离过程中，采用常规的高碱工艺使得铁闪锌矿极易受到抑制而影响锌选矿的回收率，如果降低石灰用量，又不能对锌铁等硫化矿实现有效的抑制，势必影响锌精矿的品位，因此，对于富含铁闪锌矿的铅锌矿的选矿分离问题，仍是当今选矿界一直未能得到有效解决的难题，因此研究开发含铁闪锌矿的难选铅锌矿石的清洁高效选矿新工艺与技术也是各方研究的重点。

### 1.1.2 硫化铅锌矿选矿技术的发展

铅锌是用途非常广泛的金属，锌主要用于镀锌、锌合金、黄铜及氧化锌制备等；铅主要用于蓄电池、颜料、氧化铅、电缆包层及铅材等。随着科学技术的不断进步，铅锌的需求量不断上升。铅锌的矿石类型有硫化矿、氧化矿和混合矿，其中尤以硫化铅锌矿具有重要意义。

早先，在浮选未成为主流选矿方法以前，重选是铅锌矿选矿的唯一方法，如四川会理锌矿在清代至民国年间的矿石采选主要是从采场采出含银的方铅矿，经人工锤碎后进行水选：选矿工人站在水深约0.6m的池中，揣装矿竹簸箕浸入水面，手摇动使矿粒随水在簸箕内旋转，银矿粒转动至簸箕周边，废石留中心和矿粒层表面，手捧弃之。经反复多次水中旋选，获得入炉冶炼的银精矿。

浮选技术的产生以及成功应用，极大地改变了选矿的面貌。由于通过药剂可以调节硫化矿表面的润湿性，通过浮选可有效分离因密度差异较小而难以被重选分离的铅锌矿，因此浮选技术逐渐成为铅锌矿选矿的主流技术，尤其是对硫化铅锌矿。

由于硫化矿与脉石矿物的浮选分离一般比较容易，因此硫化铅锌矿的浮选主要解决的是硫化铅矿物与硫化锌矿物，有时还有硫化铁矿物及其他硫化矿物之间的分离问题。

根据方铅矿与闪锌矿的可浮性，在铅锌浮选分离时一般采用的原则是“浮铅抑锌”。这主要是因为方铅矿的可浮性比闪锌矿好，而方铅矿受抑制后难于活化；此外，在大多数硫化铅锌矿中，锌的含量又比铅高，而“浮少抑多”无论是在技术上还是经济上都是比较合理的。

铅、锌、硫多金属矿石浮选一般采用的浮选流程有三种：一是混合浮选，包括全混浮流程和部分混浮流程；二是等可浮流程；三是优先浮选流程。

从浮选工艺的观点看，优先浮选较混合浮选更为有利。优先浮选时，磨矿后，表面新鲜的黄铁矿得到有效的抑制。倘若是混合浮选，在锌矿物和黄铁矿表面均吸附有捕收剂和活化剂，在分离浮选时，若很好地抑制黄铁矿，就必须除去矿物表面的捕收剂，这比在纯净黄铁矿表面受到抑制更加困难。所以优先浮选比混合浮选更有利于锌和硫化铁的分选。在我国铅锌选矿中，根据安泰科2002年公布的数据，采用优先浮选的开采量占总开采量的33.3%，混合浮选占29.2%，等可浮浮选占20.8%。

### 1.1.3 铅锌矿选矿技术面临的挑战

随近几十年来对铅锌矿的高强度开采，国内易选的铅锌矿储量急剧减少，难选铅锌矿资源所占的比例越来越大，而同时与国际先进水平相比，我国铅锌矿选矿科技整体水平还不是很高，突出表现在以下几个方面：

(1) 铅锌矿产资源的综合利用率低，选矿总回收率较低。铅、锌两种金属，由于它们的地球化学性质和成矿的地质条件相同或相似，在矿床中常共生在一起；此外，还常伴生有其他金属，如银、铜、金、砷、铋、钼、锑、硒、镉、铟、镓、锗和碲等。因铅锌矿本身就是共生矿，对其的选矿加工就是一个综合利用的问题，随国内易选铅锌矿石减少，难处理铅锌矿石增多，选矿难度增大，选矿总回收率有下降的趋势。根据国土资源部1999年组织对矿山考核的三率（采矿回收率、贫化率及选矿回收率）情况看，铅锌矿山三率总回收率为59.09%。

(2) 选矿获得的铅、锌精矿产品质量较低。硫化铅锌分离的方法主要有两大类：氰化物法和非氰化物法。氰化物法通常是氰化物和其他药剂配合使用，如与$ZnSO_4$配合使用，目前推广应用$FeSO_4$-NaCN组合药剂代替$ZnSO_4$-NaCN组合药剂抑制闪锌矿的工艺方法。随着世界各国越来越严格的环境政策，非氰化物法越来越得到各国研究者重视。非氰化物法主要是采用$ZnSO_4$、$H_2SO_3$、$Na_2SO_3$、高锰酸钾、$NH_4Cl$等无毒化的无机抑制剂抑锌浮铅，也有一些资料报道采用二甲基二硫代胺基甲酸钠、腐植酸钠等有机抑制剂抑制闪锌矿。但上述方法仅适用于铅锌较易分离的矿石，而对难选硫化铅锌矿石，尤其是对富含有铁闪锌矿的铅锌矿石，采用上述方法则难以得到较理想的铅锌分离效果，突出的表现在于所得的单一铅锌精矿产品质量差，即产品中铅锌互含严重。

(3) 选矿成本高。国内铅锌矿的选矿经过长期的发展，形成了一些典型的工艺，如广东凡口铅锌矿原采用的“高碱细磨”铅锌选矿工艺，是典型的“强压强拉”浮选工艺，此工艺虽取得了较好的分选效果，但此工艺由于在浮铅时采用大量石灰来抑制锌硫等硫化矿，在后续浮锌时将大量消耗活化剂硫酸铜与捕收剂的用量，导致选矿成本居高不下。

（4）采用的浮选药剂与工艺不清洁，对环境的危害大。国内铅锌矿山选矿厂在浮铅时，常采用的捕收剂有乙基、异丙基、丁基、戊基黄药，31 号、238 号、241 号、242 号黑药，后来又发展了苯胺黑药与 Z-200，有的厂还采用中性油作为辅助捕收剂，锌硫等矿物的抑制剂多采用石灰、$ZnSO_4$ 等，少数矿山仍在使用氰化物，如江西银山铅锌矿。一些浮选药剂如苯胺黑药与氰化物等本身就对环境存在危害，另在选矿生产中采用的“强压强拉”浮选工艺药耗大，不符合清洁生产的要求。

综上所述，针对我国铅锌矿产资源的特点，必须大力加强铅锌矿选矿基础理论研究和开发复杂难选铅锌矿石的选矿新技术与新工艺。

### 1.1.4 研究意义

硫化铅锌矿的选矿已经进入到一个新的阶段。随着矿产资源日趋贫、细、杂，选别作业难度的加大，以及随国民经济的快速发展，对高品质的矿产原料及有色金属需求量的增加，实现难选资源的高效综合利用，是缓解这一矛盾的重要途径。正在研究和发展中的电位调控浮选新技术，具有选择性好、药剂耗量低的特点，是处理难选铅锌矿资源的重要技术创新。

目前，电位调控浮选新技术已在广东凡口铅锌矿等地得到工业应用，但总体上来看，硫化矿浮选电化学的研究工作大多停留在实验室，要把电位调控技术付诸工业实践，除理论上需进一步发展和完善外，应用上还必须解决以下问题：（1）有无捕收剂条件时，研究各种矿物及其混合物在电位调控浮选下的电化学行为和浮选行为；（2）合适的电位控制方法。

因此，本书研究的意义在于应用电化学浮选和其他相关领域的理论，探讨复杂难选铅锌矿石的浮选行为和表面作用机理，摸索消除矿浆中难免离子的有效途径、铁闪锌矿与磁黄铁矿浮选分离的规律和影响因素，从理论上逐步完善和丰富硫化矿电位调控浮选新技术，用理论指导和解决难选铅锌矿石选矿技术在发展过程中遇到的实际问题，尝试电位调控技术是否可应用于更加复杂的硫化铅锌矿，以优化生产流程，减少生产成本，适应日趋严格的环境保护要求，并最终提高难选铅锌矿石选矿的回收率和矿业企业的经济效益。

## 1.2 硫化矿浮选的历史与发展

1860年前后，浮选开始应用于矿业生产，一百多年以来，特别是泡沫浮选应用后的80多年，浮选工艺及理论有了很大的发展，形成了各种独特技术内容和各种用途的浮选工艺。从对硫化矿体系浮选发展有重要影响和重大意义的角度来考察硫化矿体系浮选工艺的历史，可以认为经历了四个阶段，即：早期的全油浮选和表层浮选技术、常规捕收剂泡沫浮选、高效捕收剂泡沫浮选及正在发展中的电化学调控浮选。每一个阶段的浮选都有其根本特征和控制参数，浮选理论和分选指标也各不相同。

早期的全油浮选和表层浮选技术，属于较为简单的分选工艺，是利用硫化矿物与脉石矿物天然疏水性的差异进行分选，仅仅用来处理表面未氧化、粗粒易浮和组成简单的硫化矿，并且选矿厂的规模有限。

1925年黄药和1926年黑药应用于浮选以后，硫化矿浮选效果显著提高，这是矿业发展史上最重要的科技成果之一，具有划时代的意义。该项成果标志着有机合成捕收剂开始应用于硫化矿的工业浮选，硫化矿的浮选进入了捕收剂泡沫浮选阶段。

随矿产资源日趋贫、细、杂，综合利用和环保要求不断提高，这对浮选工艺提出了新的问题。黄药、黑药等捕收剂已不能完全适应矿业生产的发展。20世纪60年代以来，除继续使用这些捕收剂外，人们研制了硫胺酯、胺基黄原酸腈酯、黄原酸酯等一系列高效捕收剂，它们属于非离子型极性捕收剂。这类药剂具有用量小，捕收能力强，特别是选择性高，兼具多种功能的特点，从而使浮选药方更为简单，分选效率提高，药剂用量只为黄药类捕收剂的1/30~1/3。

在研制高效药剂的同时，人们也开始改革硫化矿浮选工艺，提出电位调控浮选技术。20世纪50年代人们已经认识到，硫化矿浮选过程涉及到电化学原理，且氧在硫化矿浮选中扮演着重要角色，对此的深入研究发展成了硫化矿浮选电化学这一研究领域，即：用现代电化学理论和测试方法，研究氧在硫化矿浮选中的重要作用。研究发现在硫化矿-液相界面上涉及到电荷传递转移的反应，硫化矿的浮选实质是一系列氧化还原反应的综合结果。这些氧化还原反应包括：硫化矿的氧化、捕收剂的氧化以及氧的还原。而这一系列氧化还原反应的结果又与硫化矿/矿浆界面电位有着密切关系，不同的界面电位导致不同的表面产物。随即把电位的调节和控制引入浮选过程，用以控制硫化矿的浮选和分离。

电位调控浮选的主要特征是将矿浆电位作为一个参数，和矿浆pH值、药剂浓度一起控制硫化矿物表面的反应，使其疏水化或亲水化，从而达到浮选分离的目的。这种技术具有高分选效率、低药剂用量的优点，极限条件下，还可以实现无捕收剂浮选，可以实现复杂细粒硫化矿的分选。

可以预言，对硫化矿电位调控浮选技术的深入研究将为提高矿物分选效率、降低药剂无谓消耗，提高复杂硫化矿浮选过程和分离过程的选择性提供新的有效的方法，并将逐步成为今后硫化矿浮选技术的竞争目标。

## 1.3　硫化矿浮选电化学理论研究进展

硫化矿物一般是掺杂的半导体，具有较好的半导体性质，在浮选过程中，其表面除了进行化学反应以外，还有硫化矿物、捕收剂及氧化剂之间的氧化还原反应。硫化矿物表面的亲水和疏水过程包含了电化学过程，因此矿浆电位可控制硫化矿物的浮选和分离，电位作为一个参数引入到浮选过程。硫化矿浮选电化学理论主要研究硫化矿物在浮选体系中，硫化矿物-溶液界面的电化学反应，主要内容是：药剂（主要是捕收剂）在矿物表面的电化学反应；矿物表面静电位对药剂作用的影响；矿浆电位对浮选过程的影响：

（1）捕收剂-硫化矿物的电化学反应。

浮选过程中，当黄药等捕收剂在硫化矿物表面接触时，捕收剂在矿物表面的阳极区被氧化，氧气（氧化剂）则在阴极区被还原；硫化矿物本身也可能被氧化。

(2) 静电位对浮选过程电化学反应的影响。

当处于溶液介质中的硫化矿物表面在无净电流通过时的电极电位定义为该矿物在此溶液中的静电位（rest potential）。一般而言，只有当那些矿物-捕收剂溶液静电位大于相应的双黄药生成的可逆电位时，黄药类捕收剂才会在其表面氧化；而在静电位低的硫化矿物表面，则形成黄原酸金属盐。这个结论同样适应于硫氮类和黑药类捕收剂。

(3) 矿浆电位对浮选影响。

硫化矿物在浮选矿浆中发生了一系列的氧化还原反应，当所有的这些反应达到动态平衡时，溶液所测得的平衡电位，称为混合电位，通常所说的矿浆电位就是混合电位。改变矿浆电位，可以改变硫化矿物表面和溶液中的氧化还原反应，从而严重影响浮选过程。

硫化矿浮选理论的发展，总是伴随着浮选工艺的进步进行的，每一次理论上的新进展又会促使浮选技术的巨大进步。硫化矿浮选电化学的基础研究和对浮选过程更科学的理解，使硫化矿选择性浮选的过程得到新的发展。

### 1.3.1 无捕收剂浮选电化学理论

硫化矿无捕收剂浮选技术是20世纪70年代发展起来的。自20世纪初，在工业上已进行了各种形式的无捕收剂浮选实践。Gaudin认为，早在古希腊时期就进行了无捕收剂表层浮选。1979年澳大利亚学者，发表了“The Natural Flotability of Chalcopyrite”和“An Electrochemical Investigation of the Natural Flotabilty of Chalcopyrite”两篇论文，把硫化矿的无捕收剂浮选行为与矿浆电位联系起来，标志着硫化矿无捕收剂浮选电化学研究的开始，他们对长期有争论的硫化矿天然可浮性问题作出了合理的解释。20世纪80年代以来，国内以王淀佐院士为代表对硫化矿无捕收剂浮选进行了深入的研究，将硫化矿的无捕收剂可浮性进行了分类，分为第Ⅰ类无捕收剂可浮性即自诱导可浮性；第Ⅱ类无捕收剂可浮性即硫化钠诱导可浮性。这个划分使硫化矿无捕收剂可浮性与辉铜矿、雄黄等硫化矿物的天然可浮性区分开来。

第Ⅰ类无捕收剂浮选的机理如下：硫化矿物（如方铜矿、黄铜矿等）表面由于自身的氧化产生疏水性物质，如元素 $S^0$ 等，导致其无捕收剂可浮。

$$MS \longrightarrow M^{2+} + S^0 + 2e^- \tag{1-1}$$

电化学测试及 ESCA 表面分析支持了式（1-1）这种观点。也有人认为硫化矿表面氧化形成的缺金属富硫化合物是导致其无捕收剂浮选的疏水物质。第Ⅰ类无捕收剂可浮性受硫化矿-溶液界面电位及矿浆电位的控制。对黄铜矿、黄铁矿、方铅矿及闪锌矿等矿物的研究结果表明，硫化矿物第Ⅰ类无捕收剂可浮性需要合适的氧化环境，氧气和矿浆的适度氧化有利于黄铜矿等硫化矿物的第Ⅰ类无捕收剂浮选。

对 $HS^-$ 在硫化矿物表面作用的研究，发展形成了硫化矿物的第Ⅱ类无捕收剂浮选。$HS^-$ 在某些硫化矿物（如黄铁矿、毒砂等）表面氧化形成元素 $S^0$ 并吸附于其表面，促进了硫化矿物的无捕收剂浮选，这种可浮性称为第Ⅱ类无捕收剂可浮性。

$$2HS^- \longrightarrow 2H^+ + S^0 + 2e^- \tag{1-2}$$

$HS^-$ 的这种作用在许多的研究中相继得到证实；同时由于 $HS^-$ 的加入降低了浮选矿浆电位，抑制了某些硫化矿物的无捕收剂浮选，如黄铜矿等，这些硫化矿物第Ⅱ类无捕收剂可浮性较差。

### 1.3.2 捕收剂与硫化矿物相互作用的电化学

有关硫化矿与捕收剂的作用机理，近年来进行了大量的研究。Yoon 等人认为，黄药在硫化矿表示的作用包括化学吸附、电化学作用、催化作用和易位转换四种形式。

王淀佐用量子化学 CNDO/2 方法研究了方铅矿和黄铁矿的氧化与浮选剂，根据矿物电子结构特征，描述了方铅矿浮选的离子交换机理和黄铁矿浮选的双黄药分子吸附机理，并认为氧无论是对硫化矿的有捕收剂浮选还是无捕收剂浮选均起决定性作用。

矿物捕收机理是浮选理论的中心问题。国内外学者把硫化矿表面静电位与捕收剂在其表面生成产物联系起来建立了混合电位模型，形成硫化矿浮选电化学的基本理论。所谓混合电位就是在同一电极上两个或两个以上独立的阳极反应或阴极反应，当阴阳两极电流大小相等、方向相反时，建立的稳定电位。

在混合电位下，捕收剂与硫化矿物的反应可表示为：

$$4X^- + O_2 + 2H_2O = 4X_{吸附} + 4OH^- \tag{1-3}$$

$$MS + 2X^- + \frac{1}{2}O_2 + H_2O = MX_2 + S^0 + 2OH^- \tag{1-4}$$

$$MS + 2X^- + 2O_2 = MX_2 + SO_4^{2-} \tag{1-5}$$

$$4X^- + O_2 + 2H_2O = 2X_2 + 4OH^- \tag{1-6}$$

浮选体系中，硫化矿物表面静电位 $E_{ms}$ 如果比捕收剂离子氧化成二聚物的可逆电位 $E_{(X^-/X_2)}$ 高，则硫化矿表面疏水产物为二聚物，反之，则其表面疏水产物为捕收剂金属盐。表1-1给出了几种硫化矿物在乙黄药溶液中表面静电位大小及其乙黄药在其表面作用产物的类型，与混合电位模型是一致的。

**表1-1 在乙黄药溶液中硫化矿物表面静电位与反应产物**

| 硫化矿物（sulfide minerals） | 静电位（rest potentials）（vs. SHE）/V | 表面产物（surface products） |
|---|---|---|
| 方铅矿（PbS） | 0.06 | $MX_2$ |
| 斑铜矿（$CuFeS_4$） | 0.06 | $MX_2$ |
| 黄铁矿（$FeS_2$） | 0.22 | $X_2$ |
| 黄铜矿（$CuFeS_2$） | 0.14 | $X_2$ |
| 辉钼矿（$MoS_2$） | 0.16 | $X_2$ |
| 磁黄铁矿（$FeS_{1.13}$） | 0.21 | $X_2$ |
| 砷黄铁矿（FeAsS） | 0.22 | $X_2$ |

注：黄药的平衡电位为0.13V。

### 1.3.3 浮选调整剂的电化学

#### 1.3.3.1 $Cu^{2+}$活化硫化矿物的电化学

利用铜离子活化硫化矿是浮选中常用的手段。闪锌矿中有铁以类质同象混入且当铁含量超过6%时，称为铁闪锌矿[$(Zn_xFe_{1-x})S$]。用常规浮选工艺分离铁闪锌矿与硫铁矿比较困难，选别指标也不够理想。对 $Cu^{2+}$、$Pb^{2+}$ 活化闪锌矿的相关研究较多，这些研究基本说明了 $Cu^{2+}$、$Pb^{2+}$ 等重金属离子活化闪锌矿的机理。但对铁闪锌矿活化的研究，文献还不多见。

根据金属腐蚀混合电位模型和半导体电化学理论模型，它们可能分别对应着铁闪锌矿氧化成缺 Fe 富硫（$S^0$）表层和 $Fe(OH)_3$、硫酸根离子（$SO_4^{2-}$）表层，其反应式为：

$$(Zn_xFe_{1-x})S \longrightarrow xZnS + (1-x)Fe^{3+} + (1-x)S^0_{2(\text{晶格})} + (1-x)e^- \tag{1-7}$$

$$(Zn_xFe_{1-x})S + (n+m)H_2O + h^+_{(\text{半导体空穴})} \longrightarrow Zn_xFe_{1-x}(OH)_nS_2(OH)_m + (n+m)H^+ \tag{1-8}$$

$$Zn_xFe_{1-x}(OH)_nS_2(OH)_m \longrightarrow (1-x)Fe(OH)_3 + xZn(OH)_2 + 2SO_4^{2-} + 12e^- \tag{1-9}$$

一方面，表面羟基化作用增强后，铁闪锌矿表面晶格中富硫层的稳定性变差；另一方面，$Fe^{3+}$ 的催化作用容易使 $S^0$ 氧化成 $SO_4^{2-}$。铁闪锌矿在碱性条件下将表现出活化难的特点。

对于铁闪锌矿的铜离子活化机制，Wood、Young 建构了 Cu-S-$H_2O$ 体系的 Eh-pH 图，反应式如下：

$C_1$： $$CuS + H^+ + 2e^- \longrightarrow Cu_2S + HS^- \tag{1-10}$$

$C_2$： $$Cu_2S + H^+ + 2e^- \longrightarrow 2Cu + HS^- \tag{1-11}$$

$A_1$： $$2Cu + HS^- \longrightarrow Cu_2S + H^+ + 2e^- \tag{1-12}$$

$A_2$： $$Cu_2S + H_2O \longrightarrow CuS + CuO + 2H^+ + 2e^- \tag{1-13}$$

$A_3$： $$CuS + H_2O \longrightarrow S\cdot CuO + 2H^+ + 2e^- \tag{1-14}$$

$A_4$： $$S\cdot CuO + 4H_2O \longrightarrow CuO + SO_4^{2-} + 8H^+ + 6e^- \tag{1-15}$$

因此，在开路条件下 $Cu^{2+}$ 活化铁闪锌矿，电极表面活化产物主要是 CuS。

此外，余润兰等人还研究了活化电位及 pH 值对 $Cu^{2+}$ 活化铁闪锌矿的影响，发现 $Cu^{2+}$ 活化铁闪锌矿的活化产物为 $Cu_nS$，高电位下为

CuS，而低电位下为 $Cu_2S$，随电位的变化，$n$ 在 1 ~2 间变化。适当降低电位有利于改善活化效果。pH 值为 11 的石灰介质中，电位高于 +322mV 后活化将变得困难。

1.3.3.2 硫化矿浮选与抑制的电化学

根据硫化矿物与黄药类捕收剂相互作用的电化学机理和混合电位模型，硫化矿物、捕收剂、氧气三者的相互作用如图 1-1 所示。

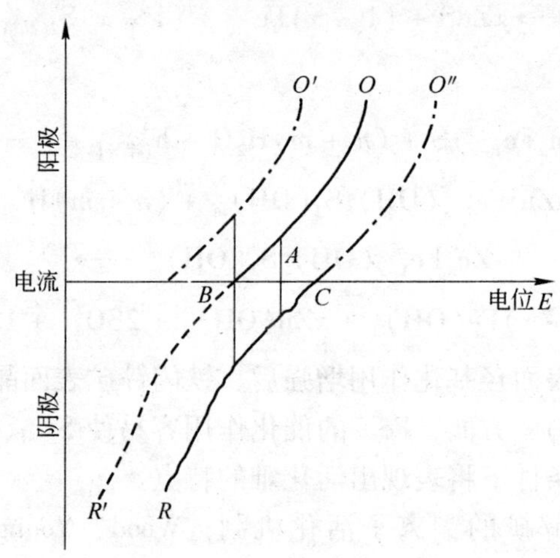


图 1-1 硫化矿物浮选与抑制的混合电位变化示意图

图中 $A$ 为实际的混合电位，此时阳极与阴极电流大小相等，方向相反。通过如下方式调整混合电位可实现强化或抑制浮选。

（1）当加入还原剂，如亚硫酸钠、$SO_2$ 气体等，或减少矿浆中氧气的含量时，氧的还原电流降低，还原曲线 $R$ 变为 $R'$，混合电位由 $A$ 移至 $B$。表示氧化反应难以进行，捕收剂不能在矿物表面形成疏水产物，浮选受到抑制；

（2）当捕收剂与矿物作用的氧化电位较高时，氧化曲线移至 $O''$ 线，混合电位移至 $C$，捕收剂的氧化困难，浮选受到抑制；

（3）若捕收剂的氧化电流上升，曲线变为 $O'$，新的混合电位 $B$ 较 $A$ 有更大的电流，提高捕收剂浓度或采用长链烃基的捕收剂，可促进浮选；

(4) 浮选过程中加入比捕收剂更易氧化的药剂，则与氧气发生反应，氧化曲线为 $O'$，混合电位为 $B$，此时，捕收剂不能被氧化，浮选明显受到抑制；

(5) 矿物的氧化曲线为 $O''$，则矿物优先氧化形成亲水物质，捕收剂难以在矿物表面反应，浮选受到抑制。

通过对硫化矿浮选电化学的详细研究，王淀佐院士提出了三种抑制方式为：捕收剂及矿物表面作用的电化学调控；矿物表面 MX 的阳极氧化分解及矿物表面 $X_2$ 的阴极还原解吸。石灰、氰化物、$HS^-$ 等均可以作为硫化矿浮选的抑制剂。pH 值升高，可加速黄铁矿、磁黄铁矿等矿物的表面氧化，使其浮选得到抑制。对混合浮选精矿的分离，其抑制也涉及了电化学过程。凡是能去除预选吸附在硫化矿表面的疏水性捕收剂产物的药剂，都可以作为抑制剂使用。

从电化学理论出发，抑制剂可以分为两类，第一类是还原剂，在还原条件下，硫化矿表面疏水性产物还原脱附解吸，抑制矿物浮选。

$$MX_2 + S^0 \longrightarrow MS + 2X^- + 2e^- \tag{1-16}$$

或

$$X_2 \longrightarrow 2X^- + 2e^- \tag{1-17}$$

第二类是氧化剂，使得预先吸附在硫化矿物表面的捕收剂金属盐在氧化条件下解吸，反应机理如式（1-18）所示。

$$MeX_2 + 2H_2O \longrightarrow M(OH)_2 + X_2 + 2H^+ + 2e^- \tag{1-18}$$

Woods 等人根据矿物表面电化学过程的混合电位观点，提出矿物抑制的六种机理：

(1) 强化矿物的阳极氧化，使之比捕收剂的阳极氧化更为迅速；

(2) 引入一个比捕收剂氧化过程更容易进行的另一种阳极氧化反应；

(3) 抑制捕收剂的阳极氧化过程；

(4) 在矿物表面形成一种足以阻碍捕收剂与其接触的表面覆盖物；

(5) 减少介质中溶氧的浓度；

(6) 抑制氧的阴极氧化过程。

陈建华在研究了黄药与硫化矿物作用时的半导体能带变化及浮选

与抑制机理后认为，通过改变矿物的费米能级或边缘能级这两种途径，可控制矿物-捕收剂膜的吸附与解吸，从而实现硫化矿物的浮选与抑制。

## 1.4 硫化矿电位调控浮选应用研究现状

近二十多年来，人们对硫化矿浮选过程电化学机理的研究逐渐深入，发现浮选不仅与矿浆的 pH 值有关，而且与矿浆电位有密切关系，电位调控在浮选中具有重要的意义。电位调控浮选是在硫化矿浮选过程中综合运用电化学、量子化学、电极过程动力学而形成的崭新的理论体系，新理论对浮选过程有着更深入、更科学的理解，使复杂硫化矿物高选择性高精度浮选和分离过程有了新的发展。在电位调控浮选应用研究过程中，先后开发出采用外加电极和使用氧化-还原药剂两种电位调控方法。

### 1.4.1 外加电极调控电位

采用外加电极调控电位的方法无论是在实验室还是在工业实践中均取得了一定成功，由于该法排除了化学因素对硫化矿物浮选的影响，可以得出硫化矿物浮选行为与电位的单一依赖关系，故在浮选电化学的理论研究过程中发挥了重要作用。在国外，采用外加电极调控电位已经在芬兰的一些镍矿、铜铅锌矿以及前苏联的某些铜镍、铜锌、铜铅矿获得一定应用。但是，整体而言，采用该法调控电位目前还没有完全解决电控浮选的设备问题。

设计电化学反应器：浮选矿浆是简单的颗粒电极，颗粒电极不能压至像压紧的薄层电极那样高的物料（矿浆）密度。整块电极的电流效率为 100%，薄层电极的电流效率估计为 80% 到 90%，而颗粒电极保守地估计是 10% 到 20%。因此，不能用传统的浮选槽作为电化学反应器，即采用外加电极调控电位必须重新设计浮选设备。

安全的工业恒电位仪：在实验室中，典型的调节电流数量级是 10 ~ 50mA，持续至少 1min，将该电流放大到中等规模的选厂 (5000t/d)，意味着电流将达到 $10^4$A 左右。为使工作电极（浮选矿浆）电位维持在设定值（通常小于 1V），需要加一个电位，维持外加电位的电流会使参比电极和辅助电极电位差高达100V，这样的电源不得不进行安全处理。而现有选厂的浮选设备都是在钢结构上安装，因此采用外加电极调控电位要求对现有浮选设备进行改造和重新安装。

比例放大倍数：要使外控电位从实验室走向工业生产，在槽电流或电流密度等方面的放大工作还需进行具体而细致的研究。

### 1.4.2 氧化-还原药剂调控矿浆电位

氧化-还原药剂调控矿浆电位有两种方法：一种是通过矿浆中氧气的活性进行调控，矿浆中氧气的活性随着浮选气体的氧含量变化——氮富集则降低活性，氧富集则提高活性；另一种是通过添加适宜的氧化剂（使得电位更正）和还原剂（使用电位更负）进行调控。

澳大利亚 Woodcutters 铅锌铁硫化矿浮选方铅矿时，以异丁基黄药为捕收剂，以 NaCN 和 $ZnSO_4$ 为抑制剂，加入连二亚硫酸钠和双氧水调控浆电位，使矿浆电位稳定在 200mV 左右，此时方铅矿浮选的选择性最好，在此电位时，加入 $CuSO_4$ 活化闪锌矿，也最理想。

D. W. 克拉克等人通过充氮和硫化调浆来提高硫化铜矿物浮选回收率。他们认为用氮气排除氧气增强了新硫化物表面形成的效率，使得氧化的矿粒或表面被污染的矿粒可被回收。

C. J. Martin 等人用氮气浮游含黄铁矿的多金属硫化矿，经氮气调节后，黄铁矿的浮游性大大增强。这种现象被应用在一种异常的闪锌矿/黄铁矿分选过程中。他们认为氮的作用机理可能是基于两种硫化矿物之间电相互作用。

目前来说，电位调控浮选在应用方面也存在许多问题。用外加电极调控电位法，其最大困难就是处于浮选体系的高度分散的矿粒导电性差，难以使矿粒均匀达到所需要的电极电位。用氧化-还原药剂调控矿浆电位，由于浮选是一个敞开体系，充气浮选时，不断带入空气中的氧气，电位难以调节至还原状态，增大药剂消耗，同时存在使矿浆组分复杂、药品消耗补偿等带来的问题。

## 1.5 硫化矿物浮选电化学研究方法

随着研究工作的不断深入，浮选理论及工艺技术得到持续发展和不断完善。20 世纪 30 ~ 50 年代，研究方法仅局限于测定液相组成、浮选回收率、药剂吸附量，仅从纯化学原理的角度解释浮选现象；60 年代，红外光谱等技术用于测定黄药与硫化矿物的反应产物；70 年代以来，电化学技术普遍应用于浮选理论研究中，提出了大家公认的硫化矿物浮选的电化学理论；现代表面测试技术可以获得矿物表面几个原子层厚度的化学成分和结构信息，使研究更加微观化。

硫化矿物-捕收剂-氧化剂体系的 Eh-pH 图一直是硫化矿浮选体系研究的有效手段，与电化学技术相结合，构成了研究的基本方法。Eh-pH 曲线是从热力学的角度计算各个反应的平衡电位而建立的，而且假定反应足够快并形成热力学上稳定的组分，同时还假定反应体系无限大，这些与矿物的实际浮选情况有较大出入。尽管如此，Eh-pH 图不仅可以解释硫化矿物的许多浮选现象，而且可以预测硫化矿物的一些浮选条件，因此，至今仍广泛应用。

循环伏安法是研究硫化矿物氧化行为的有效手段，20 世纪 70 年代，Woods 作出了方铅矿的第一张循环伏安图，紧接着，对辉铜矿、黄铜矿、黄铁矿、斑铜矿和镍黄铁矿等硫化矿物的循环伏安研究也相继有报道。另外，由循环伏安曲线可以求得电化学的动力学参数，从而判断电化学反应机理。在硫化矿物浮选电化学研究中，多数只用做定性研究硫化矿物与捕收剂的作用机理。

电化学技术能提供矿物/溶液界面作用的电化学机理和过程动力学等非常有价值的信息，构成了硫化矿物浮选电化学的主要研究方法。但这些方法缺乏矿物表面分子形态的明确信息，因此，原位(in situ)和非原位（ex situ）光谱技术同电化学方法结合，提供矿物表面元素/分子组成、原子几何和界面电子结构的信息。原位技术对矿物/溶液界面研究而言，更具有说服力。这些光谱表面分析技术包括经典的吸附研究方法如紫外线、可见光谱[90,91]，应用最为广泛的 FTIR 和 XPS，此外，还有俄歇电子能谱（AES），X 射线吸收光谱(XAS)、紫外线电子能谱（UPS-UV)、低能电子衍射（LEED)、次级离子质谱（SIMS）技术、STM 和拉曼光谱等。它们主要用于捕收剂在矿物表面吸附或去吸附的动力学以及检测在溶液中捕收剂的形态与残留量，这些方法仍然是研究吸附的有效方法。

用小幅度正弦波交流电信号使电极极化，同时测量其响应的方法称为交流阻抗法。交流阻抗法不仅对电极表面的扰动少，而且能提供较丰富的有关电极/溶液界面电化学反应机理的信息，在电化学研究中应用日益广泛。特别是在研究复杂电化学反应机理时，如涉及电极表面吸附态的电极过程，交流阻抗法是非常有效的实验手段之一。虽然交流阻抗谱（EIS）技术是腐蚀电化学测量的一个重要手段，在一些阻抗谱图比较简单、电化学参数的数学物理意义比较明确的简单电化学反应（如电池的反应）中应用广泛，但是由于复杂电化学反应的交流阻抗的数学表达式相当复杂，各电化学参数和阻抗图谱的谱学特征一直未得到满意的解决，限制了交流阻抗谱法的应用。

近十年来，交流阻抗谱学解释及其电化学参数解析等一系列实践和理论问题获得了长足的发展。统一的普遍适用的换算电路、具有普遍适用性的不可逆电极法拉第导纳的数学表达式和具有明确物理意义的 EIS 电化学参数等被提出来，增强了人们对复杂电极过程本质的认识。因此，最近几年，对交流阻抗法及其谱学分析在固体/溶液体系的吸附和成膜过程、表面腐蚀和防腐、电极表面的电化学反应及自组装等方面的应用报道较多。

20 世纪 80 年代以来，人们在应用电化学方法研究浮选电化学的同时，开始利用量子化学理论和方法来研究硫化矿浮选电化学，它从微观结构的角度来分析电子转移与矿物表面分子结构、键合状态之间的关系。Takahashi 采用分子轨道法研究了乙基硫苯骈噻唑的电子和键合状态及其在黄铁矿表面的吸附，考察了吸附趋势；Yamaguchi 利用量子化学分子轨道法研究了黄铁矿-硫醇苯噻唑体系的相互作用，提出了电子轨道转移的微观机理；Schukarew 认为黄药在方铅矿表面的吸附是亚单分子吸附，提出了分子轨道转移的吸附机理；丁敦煌等人利用量子化学研究了硫化矿物表面的共价键特性和电子迁移能力，认为硫化矿物无捕收剂浮选性能受表面结构和表面电荷的控制。王淀佐教授及其学术梯队，运用量子化学方法，研究了硫化矿电位调控浮选行为，认为硫化矿物具有不同的电化学调控浮选机理和微观模型，硫化矿与捕收剂及氧化剂之间的反应遵循分子轨道原则，电子交换应遵循量子化学的能量相近及对称性匹配原则。这些对浮选电化学理论是一个重要的补充和发展。

# 第2章　试验试样与研究方法

## 2.1　试验试样

试验所用矿样都直接从四川会理锌矿有限责任公司、四川省会东铅锌矿与内蒙古东升庙矿业有限责任公司三家企业的生产采场采取。在分析三家企业矿石的性质后，根据实验需要，分别从四川省会东铅锌矿与内蒙古东升庙矿业有限责任公司的采场采取了方铅矿、闪锌矿、黄铁矿、铁闪锌矿和磁黄铁矿等五种纯的大矿块供制备纯矿物。

### 2.1.1　方铅矿、闪锌矿、铁闪锌矿、黄铁矿与磁黄铁矿纯矿物

试验所用的试样均为天然矿物。几种纯矿物由块矿经手选、瓷球磨、干式筛分，取 -0.074 +0.043mm 粒级作单矿物浮选试验用，各纯矿物含量及半导体性质如表2-1所示。用于电化学实验研究的硫化矿物电极，方铅矿、黄铁矿和磁黄铁矿由结晶良好的块矿切割制成，闪锌矿和铁闪锌矿电极由 -0.043mm 闪锌矿颗粒与石墨粉按3∶7压制而成。几种硫化矿纯矿物的矿物纯度与半导体性质如表2-1所示。

表2-1　几种硫化矿纯矿物矿物含量及半导体性质

| 矿物名称 | 矿物纯度/% | 半导体类型 | 产　地 |
|---|---|---|---|
| 方铅矿 | 96.20 | n | 四川省会东 |
| 闪锌矿 | 94.76 | 不导电 | 四川省会东 |
| 铁闪锌矿 | 96.89 | 半导电 | 内蒙古东升庙 |
| 磁黄铁矿 | 96.38 | p | 内蒙古东升庙 |
| 黄铁矿 | 95.66 | p | 四川省会东 |

### 2.1.2　实际矿石试样

实际矿石浮选所用矿样来自四川会理锌矿有限责任公司、四川省

会东铅锌矿与内蒙古东升庙矿业有限责任公司。

2.1.2.1 四川会理锌矿有限责任公司难选铅锌矿石

矿石中的金属硫化矿物有闪锌矿（铁闪锌矿）、方铅矿、黄铁矿、黄铜矿、银黝铜矿、硫锑银铜矿、深红银矿等；金属氧化矿物有菱锌矿、白铅矿、硅锌矿与异极矿、褐铁矿、磁铁矿、菱铁矿、金红石等；脉石矿物主要是方解石、白云石、绢云母、石英、绿帘石、蛇纹石等。矿石的化学多元素及成分分析结果如表2-2所示，铅、锌物相分析结果如表2-3、表2-4所示。由表2-3与表2-4可见，矿石的氧化率约为11%。

**表2-2 四川会理锌矿有限责任公司铅锌矿石多元素、成分分析结果（%）**

| 成分 | Pb | Zn | Cu | TFe | TS | Au① | Ag① | As | Co | Mo |
|---|---|---|---|---|---|---|---|---|---|---|
| 含量 | 1.43 | 8.73 | 0.04 | 2.71 | 4.89 | 0.02 | 108 | 0.07 | 0.01 | 0.016 |
| 成分 | Cd① | Ni | Mn | $SiO_2$ | $Al_2O_3$ | CaO | MgO | $Na_2O$ | $K_2O$ | $TiO_2$ |
| 含量 | 1076 | 0.0009 | 0.04 | 35.02 | 6.53 | 7.73 | 9.32 | 0.26 | 0.75 | 0.50 |

① Au、Ag、Cd等的单位为g/t。

**表2-3 四川会理锌矿有限责任公司铅锌矿石铅矿物物相分析结果（%）**

| 物 相 | 硫化铅中铅 | 氧化铅中铅 | 总 铅 |
|---|---|---|---|
| 铅含量 | 1.29 | 0.16 | 1.45 |
| 铅分布率 | 88.98 | 11.02 | 100.00 |

**表2-4 四川会理锌矿有限责任公司铅锌矿石锌矿物物相分析结果（%）**

| 物 相 | 硫化锌中锌 | 碳酸锌中锌 | 其他锌中锌 | 总 锌 |
|---|---|---|---|---|
| 锌含量 | 7.82 | 0.57 | 0.39 | 8.78 |
| 锌分布率 | 89.02 | 6.50 | 4.48 | 100.00 |

2.1.2.2 四川省会东铅锌矿铅锌矿石

矿石中主要的金属矿物为铅锌硫化矿，其次为铅锌氧化矿及其他伴生金属矿物。铅锌硫化矿有方铅矿和闪锌矿（铁闪锌矿）；铅锌氧化矿有白铅砂、铅矾、菱锌矿、异极矿、水锌矿等；其他金属矿物以黄铁矿为主，其次为白铁矿、黄铜矿等。脉石矿物以方解石、白云石、石英石为主，其次为斜长石、海鳞石、绢云母、绿泥石、黏土矿物和石墨等。矿石的化学多元素及成分分析结果如表2-5所示，铅、锌物相分析结果如表2-6、表2-7所示。由表2-6与表2-7可见，矿石的氧化率约为6%。

**表2-5 四川省会东铅锌矿铅锌矿石多元素、成分分析结果（%）**

| 成分 | Pb | Zn | Cu | TFe | TS | Au① | Ag① | As | Co | Mo |
|---|---|---|---|---|---|---|---|---|---|---|
| 含量 | 0.81 | 10.89 | 0.08 | 1.01 | 6.80 | 0.13 | 73 | 0.03 | 0.01 | 0.006 |
| 成分 | Cd① | Ni | Mn | $SiO_2$ | $Al_2O_3$ | CaO | MgO | $Na_2O$ | $K_2O$ | $TiO_2$ |
| 含量 | 1400 | 0.0009 | 0.06 | 32.89 | 4.46 | 10.12 | 10.21 | 0.01 | 1.71 | 0.33 |

① Au、Ag、Cd等的单位为g/t。

**表2-6 四川省会东铅锌矿铅锌矿石铅矿物物相分析结果（%）**

| 物相 | 硫化铅中铅 | 氧化铅中铅 | 总铅 |
|---|---|---|---|
| 铅含量 | 0.76 | 0.05 | 0.81 |
| 铅分布率 | 93.83 | 6.17 | 100.00 |

**表2-7 四川省会东铅锌矿铅锌矿石锌矿物物相分析结果（%）**

| 物相 | 硫化锌中锌 | 碳酸锌中锌 | 其他锌中锌 | 总锌 |
|---|---|---|---|---|
| 锌含量 | 10.23 | 0.46 | 0.20 | 10.89 |
| 锌分布率 | 93.94 | 4.22 | 1.84 | 100.00 |

#### 2.1.2.3 内蒙古东升庙矿业有限责任公司铅锌矿石

矿石中金属矿物有铁闪锌矿、磁黄铁矿、方铅矿、黄铜矿、磁铁矿、黄铁矿、砷黝铜矿，非金属矿物有石英、菱铁矿、方解石、白云石、绿泥石、绢云母、炭质、泥质、锆石、长石等。从矿物含量统计结果来看，铁闪锌矿与磁黄铁矿约占矿物总量41.44%，方铅矿含量为2.00%。矿石的化学多元素及成分分析结果如表2-8所示，铅、锌物相分析结果如表2-9、表2-10所示。由表2-9与表2-10可见，矿石的氧化率约为 10%。

表 2-8 内蒙古东升庙矿业有限责任公司铅锌矿石多元素、成分分析结果（%）

| 成 分 | Pb | Zn | Cu | TFe | TS | Au① | Ag① | As | Co | Mo |
|---|---|---|---|---|---|---|---|---|---|---|
| 含 量 | 1.43 | 11.40 | 0.36 | 24.01 | 19.00 | 0.20 | 37.5 | 0.29 | 0.01 | 0.012 |
| 成 分 | Cd① | Ni | Mn | $SiO_2$ | $Al_2O_3$ | CaO | MgO | $Na_2O$ | $K_2O$ | $TiO_2$ |
| 含 量 | 1022 | 0.0006 | 0.05 | 33.94 | 1.11 | 2.49 | 6.60 | 1.01 | 1.08 | 0.24 |

① Au、Ag、Cd 等的单位为 g/t。

表 2-9 内蒙古东升庙矿业有限责任公司铅锌矿石铅矿物物相分析结果（%）

| 物 相 | 硫化铅中铅 | 氧化铅中铅 | 总 铅 |
|---|---|---|---|
| 铅含量 | 1.29 | 0.14 | 1.43 |
| 铅分布率 | 90.21 | 9.79 | 100.00 |

表 2-10 内蒙古东升庙矿业有限责任公司铅锌矿石锌矿物物相分析结果（%）

| 物 相 | 硫化锌中锌 | 碳酸锌中锌 | 其他锌中锌 | 总 锌 |
|---|---|---|---|---|
| 锌含量 | 10.21 | 0.56 | 0.63 | 11.40 |
| 锌分布率 | 89.56 | 4.91 | 5.53 | 100.00 |

## 2.2 研究方法

### 2.2.1 浮选实验

单矿物浮选试验在 25mL 挂槽式浮选机中进行。每次矿样重 3g，用 JCX-50W 型超声波清洗机清洗表面 5min 澄清，倒去上面悬浮液，用相应 pH 值的缓冲液冲入 25mL 挂槽浮选机中，根据实验要求加入相应药剂调节矿浆（矿浆 pH 值的调整用盐酸或石灰水溶液，除非另作说明），加起泡剂前，测量矿浆电位。起泡剂丁基醚醇用量为 10mg/L，矿浆电位采用氧化还原剂过硫酸铵和硫代硫酸钠调节，矿浆 pH 值与矿浆电位采用 PHS-3C 精密电位计测量，用铂电极和甘汞电极组成电极对，测量的电位数值均换算为标准氢标电位。浮选时间为4min。单矿物浮选判据为：

$$回收率\ R = \frac{m_1}{m_1 + m_2} \times 100\%$$

式中 $m_1$, $m_2$——分别为泡沫产品和槽内产品质量。

单矿物浮选试验流程如图2-1所示。

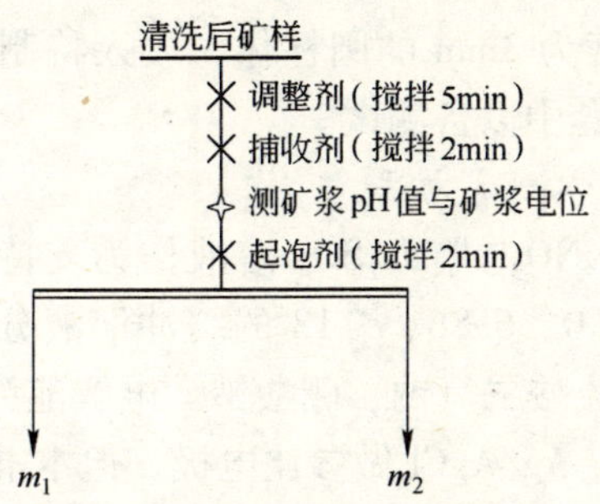


图2-1 单矿物浮选试验流程

实际矿石实验室小型试验使用XMQ-240×90锥形球磨机磨矿，XFD系列单槽和XFG系列挂槽浮选机浮选；试验用水为自来水，试验试剂除捕收剂、起泡剂为工业级外，其他均为分析纯；单元试样重1000g。采用意大利哈纳pH211A型酸度离子计测定矿浆pH值与矿浆电位，该酸度离子计所配电极为HI1131B玻璃复合电极。

实际矿石的工业试验与工业应用在铅锌矿选矿厂进行，所用药剂都是工业级，工业试验与工业生产都采用北京矿冶研究总院研制的在线式93-1A型工业酸度计进行矿浆pH值与矿浆电位的监控。

### 2.2.2 矿物表面形貌观察与表面成分分析

用荷兰PHILIPS XL300型扫描电镜（SEM）来观察纯矿物的表面形貌，利用能谱仪对所观测区域进行表面能谱测试。

### 2.2.3 电化学测试

#### 2.2.3.1 工作电极

挑选结晶良好的方铅矿，切割后，用不同粒级的砂轮逐级打磨，制成直径为15mm，厚度为3mm的圆柱体，放入特制的、可旋转的“塑料王”圆柱形电极套中以备测试。

按一定比例分别称取矿粉、分析纯固体石蜡和光谱纯石墨粉，使石墨粉和矿粉充分混合均匀：把固体石蜡置于烧杯中加热熔化后，迅速加入已混合均匀的石墨粉和矿粉，快速搅拌均匀后立即压入制样模型中，马上用压片机压片，保持静压45MPa，5min。取出后，打磨成直径为15mm，厚度为3mm的圆柱体，放入特制的、可旋转的“塑料王”圆柱形电极套中以备测试。

2.2.3.2 电化学测试方法

以0.10mol/L $KNO_3$ 或 $Na_2SO_4$ 溶液作为支持电解质；水为一次蒸馏水；pH值为4.0、6.86、9.18的缓冲溶液分别为邻苯二甲酸氢钾、磷酸二氢钾和硫酸二氢钠、硼酸钠。电解池为三电极系统，以铂片电极为辅助电极，Ag/AgCl做参比电极，但本书中电位数据除作说明外都已校正为相对于标准氢电极（SHE）。工作电极在溶液中浸泡一定的时间达到平衡后进行测量；每次测量，均用不同型号的砂纸逐级打磨，最后用600号砂纸打磨成镜面，水洗，以更新工作面。实验仪器为EG&G PAR公司的电化学测量系统（PARSTAT 2263）。

极化测试、Tafel曲线采用M352软件系统，电位扫描相对于开路电位±250mV，由阴极向阳极扫描；循环伏安、恒电位阶跃测试采用M270软件系统；交流阻抗测试由M398软件控制，交流幅值为5mV，频率范围为$10^5 \sim 5\times10^{-3}$Hz。

# 第3章 难选铅锌硫化矿矿石的性质及难选原因分析

硫化铅锌矿的选矿已发展到OPF（原生电位控制浮选）工艺阶段，该技术的基本特征是：既不采用外加电场，也不使用氧化-还原药剂调节矿浆电位，而是利用硫化矿磨矿-浮选矿浆中固有的氧化-还原反应调控电位，该技术已在广东凡口铅锌矿、乐昌铅锌矿，广西北山铅锌矿与江苏南京铅锌矿得到工业应用。生产实践表明，OPF工艺具有技术先进、流程简单、操作方便、选矿成本低、分选指标优越、环境污染小等优点。OPF工艺强调调节和控制的参数是矿浆pH值、捕收剂种类、用量及用法、浮选时间以及浮选流程结构等传统的浮选操作参数，此工艺对矿石性质变化不大，氧化率不高，对锌矿物主要是闪锌矿的铅锌矿选矿是适宜的，但对矿石性质波动太大，氧化率较高，对矿石中含有铁闪锌矿的铅锌矿选矿，存在一定问题，主要表现在：单靠石灰做矿浆电位的调整剂与稳定剂，适宜的浮选矿浆电位难以控制，即石灰用量不易控制，造成操作管理困难；另外，当矿石中含有铁闪锌矿时，单靠石灰做矿浆电位的调整剂与稳定剂也容易造成铅-锌分离与锌-硫分离的效果较差，浮选所获得的铅、锌精矿质量不高。因此，对于复杂难选的硫化铅锌矿的选矿，势必要有与此相适应的技术和工艺。

为揭示难选硫化铅锌矿选矿指标不高，生产操作管理困难的原因，本书选择了代表性强、选矿难度极大的四川会理锌矿、四川省会东铅锌矿与内蒙古东升庙矿业有限责任公司的铅锌矿石进行研究，以阐明复杂难选硫化铅锌矿矿石难选的原因。

## 3.1 难选硫化铅锌矿矿石的性质及难选原因分析

四川会理锌矿、四川省会东铅锌矿与内蒙古东升庙矿业有限责任公司的铅锌矿石属于难选的铅锌矿石，其复杂程度可从3个方面充分体现：

(1) 四川会理锌矿、四川省会东铅锌矿与内蒙古东升庙矿业有限责任公司的矿石铅含量在0.42% ~1.80%，锌含量在6.0% ~13.0%，铅锌比一般在1∶6 ~1∶20，矿石组分复杂，结构构造复杂，目的矿物嵌布粒度不一样，方铅矿嵌布粒度微细，闪锌矿等锌矿物又较粗，致使铅锌矿物相互间单体解离困难，也使部分闪锌矿因其中含有方铅矿而可浮性提高；而闪锌矿中因部分锌被铁以类质同象取代，形成铁闪锌矿而导致可浮性下降。

四川会理锌矿硫化锌矿物的嵌布特征：闪锌矿多呈团块状、块状，部分呈浸染状，还有的呈脉状。闪锌矿由于生成阶段不同，导致所含铁等其他微量元素含量存在差异，进而呈现出外观颜色上的差别。闪锌矿的颜色种类繁多，有褐黑、灰褐、灰黑、浅黄绿、棕褐、浅黄、浅棕褐、浅黄棕色等，不同颜色其物理性质有较大差别，尤其是电磁性的强弱程度更是明显。含铁高、颜色深者，电磁性较强；浅颜色、含铁较低者，电磁性较弱，或无电磁性。闪锌矿矿粒的电子显微镜形貌如图3-1所示。

图3-1 闪锌矿矿粒的电子显微镜形貌（产地：四川会理锌矿）

闪锌矿嵌布特征较复杂，与方铅矿多呈犬牙交错状、齿状嵌镶状，极少数呈波状，直线毗邻镶嵌。被方铅矿、黄铜矿、银黝铜矿包裹交代残角或脉状穿插交叉。多种矿物连生在一起呈复杂镶嵌。闪锌矿表面能谱分析结果如图3-2 ~图3-4所示。

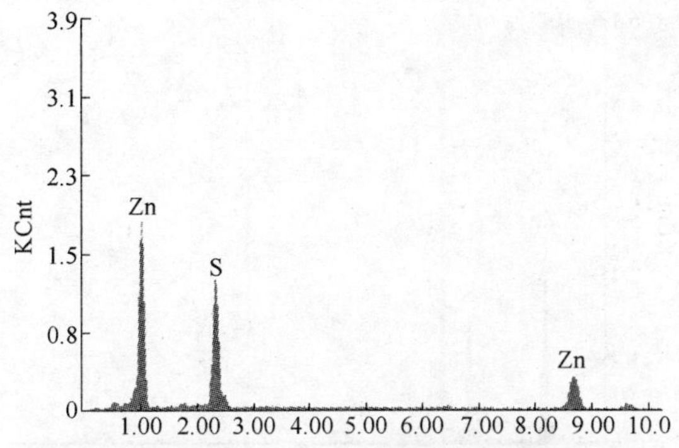


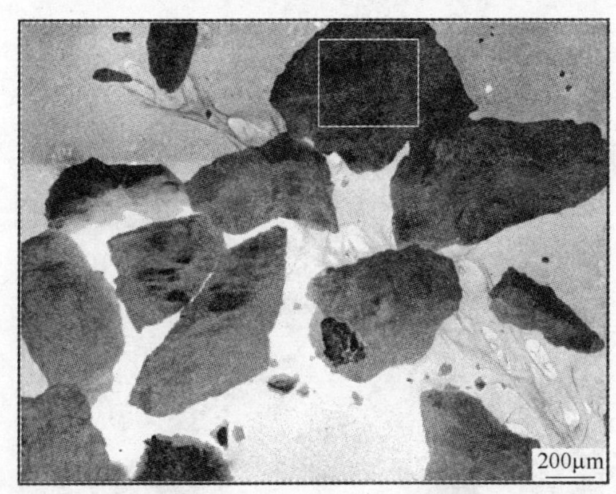


图 3-2 闪锌矿表面能谱分析结果(产地:四川会理锌矿)(一)

闪锌矿与黄铁矿的连生关系较为紧密，主要以包裹交代黄铁矿或沿黄铁矿的裂纹充填交代。闪锌矿与白铁矿呈规则毗邻嵌镶，有的白铁矿分布于闪锌矿周围呈镶边。闪锌矿包裹交代毒砂较为常见。闪锌矿与黄铜矿连生关系除了它们互相组成固溶体分离结构外，它们互相呈脉状交叉，有的黄铜矿呈不规则手掌状分布于闪锌矿中，呈不规则状连生。有的闪锌矿还包裹炭质。有的闪锌矿被绢云母、绿泥石集合体脉，碳酸盐矿物脉穿切交错。一些闪锌矿还与粉砂-细砂岩的胶结物共同胶结石英碎屑。

四川省会东铅锌矿硫化锌矿物的嵌布特征：闪锌矿是矿石中主要

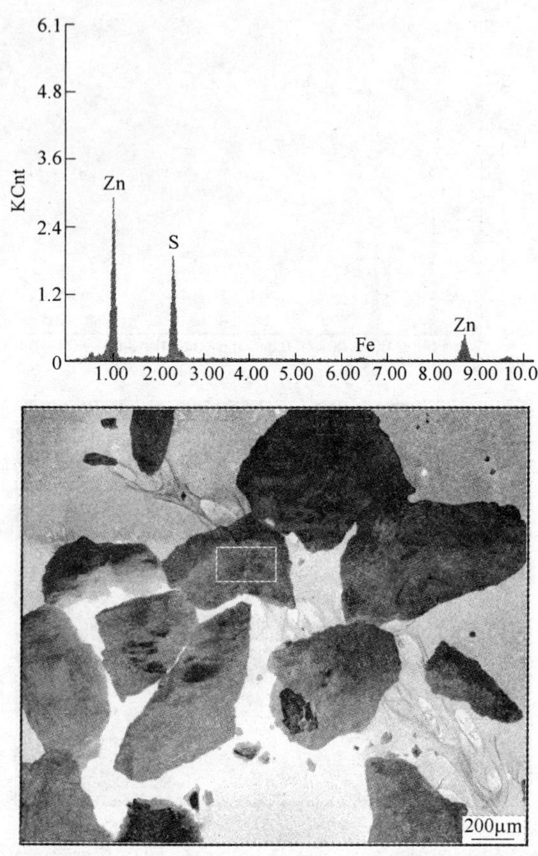


图 3-3 闪锌矿表面能谱分析结果(产地:四川会理锌矿)(二)

金属矿物，该矿物因含微量元素的不同而呈现不同的物理性质，如颜色上的差别、电磁性的差异、所含黄铜矿与黄铁矿固溶体出溶物的差别。以上特征的差别也是由于生成时期不同产出的，如较晚生成的闪锌矿脉，有的颜色较浅，呈淡黄褐色、浅黄绿色，电子探针分析结果：Zn 为 70. 31%、S 为 29. 69%；Zn 为 72. 25%、S 为 27. 25%，比较纯净，所含杂质元素较少，锌元素含量高。褐红色的闪锌矿，具强电磁性，电子探针分析，含铁达 4. 07%，较高，Zn 为 65. 27%、S 为 29. 81%、Au 为 0. 85%。褐黑色的闪锌矿，电子探针分析结果：Zn

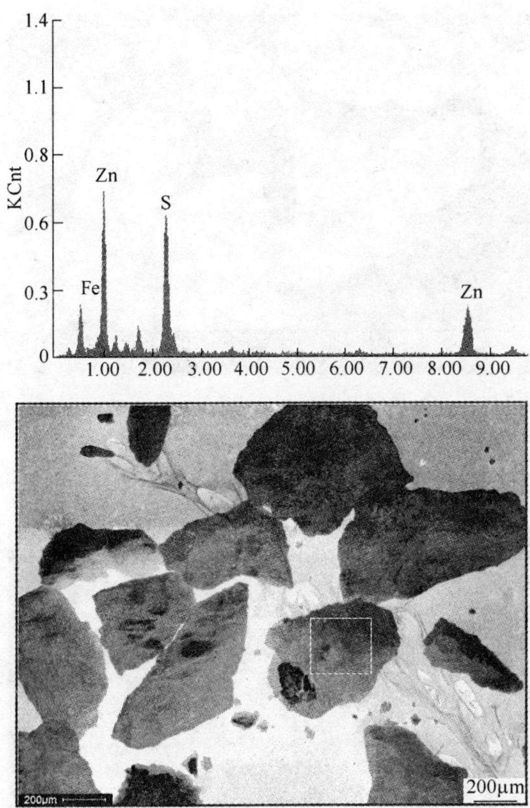


图 3-4 闪锌矿表面能谱分析结果(产地:四川会理锌矿)(三)

为 66.66%、S 为 28.47%、Fe 为 4.87%；Zn 为 67.46%、S 为 30.11%、Fe 为 2.34%。有的闪锌矿无电磁性，电子探针分析结果：S 为 34.70%、Zn 为 60.57%、Cd 为 2.40%；S 为 35.46%、Zn 为 64.54%，含硫较高。强电磁性褐红色闪锌矿砂粒的电子显微镜形貌如图 3-5 所示。

无电磁性淡黄色闪锌矿砂粒的电子显微镜形貌如图 3-6 所示。

闪锌矿多呈集合体产出，少数呈脉状，局部有星散状-浸染状产出。从矿物形态看，主要有如下几种嵌布特征：

1）它形致密集合体产出，呈不规则它形镶嵌致密块状。被方解

图 3-5 强电磁性褐红色闪锌矿砂粒的电子显微镜形貌
（产地：四川省会东铅锌矿）

图 3-6 无电磁性淡黄色闪锌矿砂粒的电子显微镜形貌
（产地：四川省会东铅锌矿）

石、绿泥石、黄铁矿等微脉穿插。另见包裹自形柱状石英，菱形的铁白云石。有的在局部呈筛孔变晶包裹许多微细浑圆微粒状的脉石。此外，见少量的脉石在闪锌矿中呈不规则连生。

2）浸染状嵌布于脉石中，闪锌矿呈半自形晶或不规则齿状与方解石、铁白云石互嵌。闪锌矿分布于脉石粒间，呈星散状，稀疏-稠密状不均匀分布，在闪锌矿颗粒边缘常呈参差状，齿状与方解石、方铅矿呈毗邻镶嵌。极少数呈微细部规则粒状，星散状分布于脉石中。

3）交代残余分布于方铅矿中，闪锌矿被方铅矿交代呈孤岛状、浑圆状、港湾状残留在方铅矿中。

4）碎粒状产出，闪锌矿受构造应力作用，被挤压成碎粒棱角状，被方铅矿、方解石胶结。有的被黄铁矿穿切胶结呈网格状。

5）有的闪锌矿与不规则细粒黄铁矿连生分布于脉石中。

6）闪锌矿呈脉状，由于生成时代不同，表现早期闪锌矿脉被晚期的浅黄褐色闪锌矿、方铅矿、硫锑铜矿、石英、黄铁矿组成的细脉穿切。

7）闪锌矿呈不规则状胶结物形式胶结石英粉砂碎屑，有时与黏土矿物一同胶结。

内蒙古东升庙矿业有限责任公司硫化锌矿物的嵌布特征：铁闪锌矿是矿石中主要金属矿物，铁闪锌矿呈黑色、褐黑色，半透明，解理发育，具较强的电磁性。条痕棕褐色。矿相显微镜下为均质，内反射棕红褐色。几乎不含黄铜矿等其他矿物的固溶体出溶物。

铁闪锌矿嵌布特征较复杂。有的与方铅矿、黄铜矿、磁黄铁矿组成细脉穿切岩石；有的包裹自形晶黄铁矿，与方铅矿呈规则毗邻连生；有的被方铅矿包裹；有的呈薄膜状胶结石英碎屑（石英砂），并与磁黄铁矿连生；铁闪锌矿与磁黄铁矿连生较常见，以规则或不规则状连生为主；它与黄铜矿、方铅矿几种矿物在一起呈复杂连生，粒度较细者被黄铜矿包裹；铁闪锌矿与脉石呈细粒变晶粒状镶嵌；铁闪锌矿与黝铜矿呈规则毗邻连生；铁闪锌矿与磁铁矿多以规则连生为主，但也有的被磁铁矿包裹，颗粒微细在0.01mm左右；铁闪锌矿与磁黄铁矿组成细脉穿切黄铁矿；另见有微少的铁闪锌矿呈尘埃状质点分布于炭质泥质中。

从四川会理锌矿、四川省会东铅锌矿、内蒙古东升庙矿业有限责任公司的硫化锌矿物的赋存状态分析：硫化锌矿物都不同程度含有元素铁，且因生成阶段不同，导致闪锌矿中所含铁等其他微量元素含量存在差异，进而呈现出外观颜色的差别。闪锌矿的颜色种类繁多，不同颜色其物理性质有较大差别，尤其是电磁性的强弱程度更是明显。含铁高、颜色深者，电磁性较强；浅颜色、含铁较低者，电磁性较弱，或无电磁性。磁黄铁矿与铁闪锌矿复杂连生如图3-7所示，不规则状铁闪锌矿与不规则状磁黄铁矿连生如图3-8所示。

图3-7 磁黄铁矿与铁闪锌矿呈复杂连生
（产地：内蒙古东升庙）

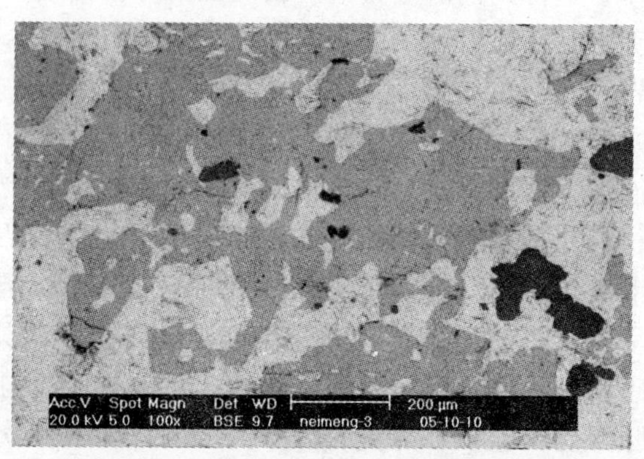


图3-8 不规则状铁闪锌矿与不规则状磁黄铁矿连生
（磁黄铁矿还包裹细小、形态各异的铁闪锌矿）
（产地：内蒙古东升庙）

铁闪锌矿表面能谱分析结果如图3-9、图3-10所示。

四川会理锌矿、四川省会东铅锌矿、内蒙古东升庙矿业有限责任公司硫化铅矿物大部分为方铅矿，且嵌布粒度都比硫化锌矿物细。而

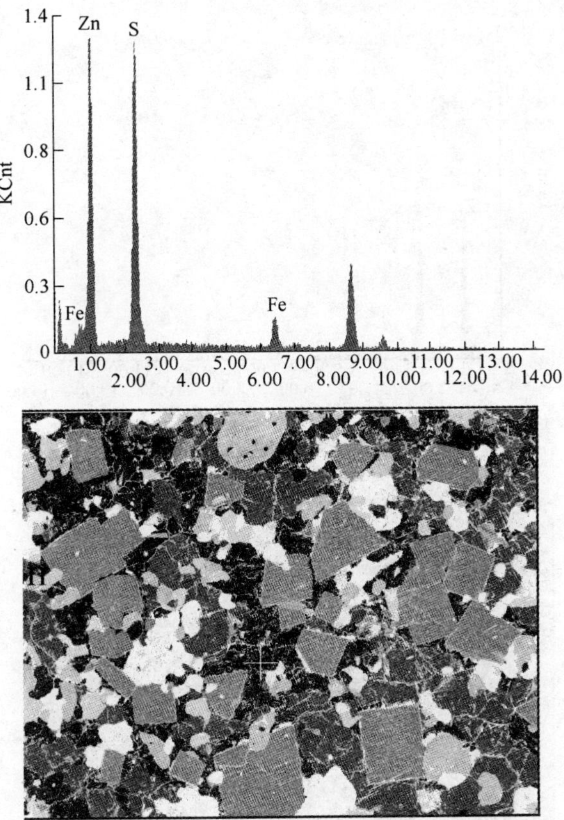


图 3-9 铁闪锌矿表面能谱分析结果(产地：内蒙古东升庙)(一)

方铅矿除单独的晶体或与闪锌矿连晶外，还呈微细粒嵌布于闪锌矿或脉石中；闪锌矿以单体或与方铅矿连晶嵌布于脉石中，常见闪锌矿中有微、细粒方铅矿，黄铜矿与细粒、细脉状银矿物，这一方面使铅锌矿物相互间单体解离困难，也使得一部分闪锌矿由于其中含有方铅矿而可浮性提高。

（2）矿石受到一定程度的氧化，矿石由于氧化而泥化，细粒级的铅、锌矿物可浮性变差，而细粒脉石更恶化了浮选过程，它进入精矿会影响其质量。以四川会理锌矿为例，铅和锌的氧化率约为 11%。矿石由于氧化而泥化，如原矿磨至 -0.074mm 占 83% 时，

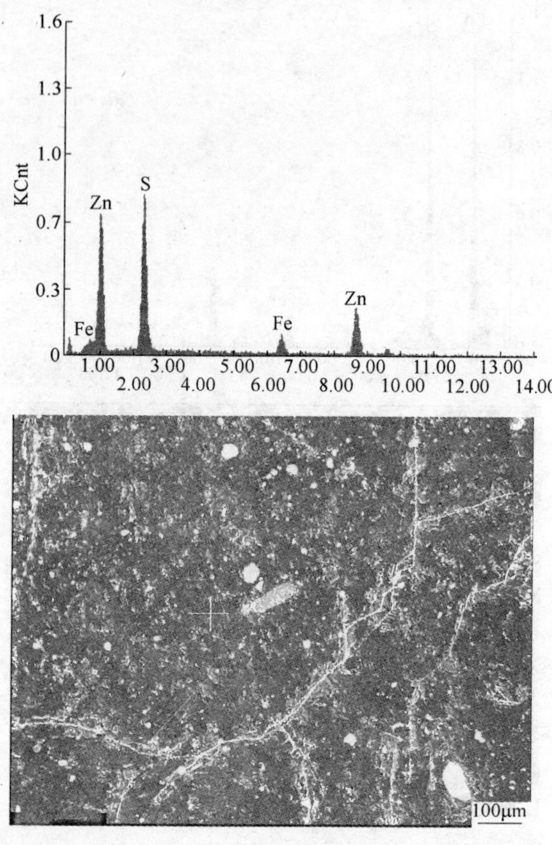


图 3-10 铁闪锌矿表面能谱分析结果

（产地：内蒙古东升庙）（二）

-0.010mm粒级占31.30%。细粒级的铅、锌矿物可浮性变差，而细粒脉石更恶化了浮选过程，它进入精矿会影响其质量。

（3）矿物氧化产生的 $Pb^{2+}$ 对闪锌矿产生活化作用，使一部分硫化锌矿易浮难抑。优先浮铅时，仅采用一般的抑制剂，很难达到完全抑制锌矿物的目的，这样由此而导致铅循环中矿量大，生产难以控制。新工艺未实施前四川会理锌矿选矿厂铅浮选循环情景如图3-11所示。

图 3-11 新工艺未实施前四川会理锌矿选矿厂铅浮选循环情景

## 3.2 本章小结

四川会理锌矿有限责任公司、四川省会东铅锌矿、内蒙古东升庙矿业有限责任公司铅锌硫化矿难选的原因在于以下三点：

（1）铅锌比一般在 1∶6 ~ 1∶20，铅含量多为 0.42% ~1.80%，锌含量多为 6.0% ~13.0%。矿石组分复杂，结构构造复杂，方铅矿嵌布粒度微细，闪锌矿等锌矿物较粗，铅锌矿物相互间单体解离困难，致使部分闪锌矿因其中含有方铅矿而可浮性提高；而闪锌矿中因部分锌被铁以类质同象取代，形成铁闪锌矿而导致可浮性下降。

（2）矿石受到一定程度的氧化，矿石由于氧化而泥化，细粒级的铅、锌矿物可浮性变差，而细粒脉石更恶化了浮选过程，它进入精矿会影响其质量。

（3）矿物氧化产生的重金属离子对锌铁硫化矿产生活化作用，使一部分硫化锌矿易浮难抑。

# 第4章　难选铅锌硫化矿物表面氧化的研究

上一章对难选铅锌硫化矿石难选的原因分析表明，矿物本身的氧化产生的重金属离子对浮选影响极大，同时当矿物未单体解离时，矿物彼此之间的互含对矿物的浮游行为产生重大的影响。可见，研究难选铅锌硫化矿石各矿物的表面氧化行为以及相关电化学行为，对分选铅、锌、铁硫化矿具有重要的指导意义。本章将从热力学分析角度来研究铅锌硫化矿物的表面氧化。

## 4.1　铅锌铁硫化矿物表面氧化的热力学分析

硫化矿物表面氧化是一个电化学过程，涉及环境的氧化气氛，通过热力学分析可以绘制硫化矿物表面氧化的 Eh-pH 图。

### 4.1.1　热力学分析概述

对于一个简单的氧化还原反应：

$$R \longrightarrow O + ne^- \tag{4-1}$$

反应的热力学平衡电位为：

$$E = E^{\ominus} + \frac{2.303RT}{nF}\lg\frac{[O]}{[R]} \tag{4-2}$$

式中：

$$E^{\ominus} = -\frac{\Delta G^{\ominus}}{nF} \tag{4-3}$$

$\Delta G^{\ominus}$为反应式（4-1）的标准自由焓变化。$\Delta G^{\ominus}$值可以由热力学数据计算，因为可以通过式（4-2）得到热力学平衡电位 $E$ 与反应式（4-1）中各物质浓度的关系，对于水系中的氧化还原反应，由此可得出 Eh-pH 关系。

### 4.1.2　方铅矿等硫化矿物在水系中表面氧化的 Eh-pH 关系

硫化矿物表面氧化产物的不同，主要是由于 $S^{2-}$ 可氧化成不同产

物如 $S^0$、$S_2O_3^{2-}$、$SO_4^{2-}$ 等，氧化产物类型受体系氧化气氛的控制。

对方铅矿而言，可能存在以下反应，并假设体系中可溶性组分浓度为 $1.0\times10^{-4}$mol/L，反应在25℃下进行。

$$PbS = Pb^{2+} + S^0 + 2e^-$$

$$E = 0.354 + \frac{0.059}{2}\lg[Pb^{2+}] = 0.236V \tag{4-4}$$

$$2PbS + 3H_2O = 2Pb^{2+} + S_2O_3^{2-} + 6H^+ + 8e^- \tag{4-5}$$

$$E = 0.338 - 0.044pH$$

$$2PbS + 2H_2O = Pb(OH)_2 + S^0 + 2H^+ + 2e^- \tag{4-6}$$

$$E = 0.756 - 0.059pH$$

$$2PbS + 7H_2O = 2Pb(OH)_2 + S_2O_3^{2-} + 10H^+ + 8e^- \tag{4-7}$$

$$E = 0.598 - 0.074pH$$

$$2PbS + 2H_2O = HPbO_2^- + S^0 + 3H^+ + 2e^- \tag{4-8}$$

$$E = 1.06 - 0.089pH$$

$$2PbS + 7H_2O = 2HPbO_2^- + S_2O_3^{2-} + 12H^+ + 8e^- \tag{4-9}$$

$$E = 0.75 - 0.089pH$$

$$Pb + H_2S = PbS + 2H^+ + 2e^- \tag{4-10}$$

$$E = -0.22 - 0.059pH$$

$$Pb^{2+} + 2H_2O = Pb(OH)_2 + 2H^+ \tag{4-11}$$

$$pH = 8.8$$

$$Pb(OH)_2 = HPbO_2^- + H^+ \tag{4-12}$$

$$pH = 10.36$$

方铅矿氧化成 $S_2O_3^{2-}$ 存在较大的过电位，而氧化成 $SO_4^{2-}$ 存在更高的过电位。一般认为，方铅矿表面氧化深度产物是 $S_2O_3^{2-}$ 而非 $SO_4^{2-}$，所以将式（4-4）~式（4-12）绘制 Eh-pH 图，同时考虑了生成 $S_2O_3^{2-}$ 过电位，如图 4-1 所示。从图可知，方铅矿（PbS）表面的氧化产物在不同 pH 值下，产物类型受电位的控制。

对闪锌矿而言，闪锌矿-水体系有如下平衡关系，氧化产物中考

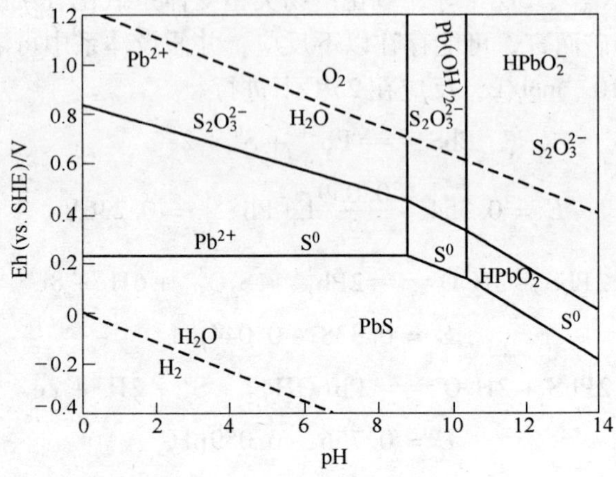


图 4-1　方铅矿在水体系的 Eh-pH 图

虑到 $S_2O_3^{2-}$ 、 $SO_3^{2-}$ 等都是不稳定的离子，直接以 S 及 $SO_4^{2-}$ 加以研究。

$$ZnS = Zn^{2+} + S + 2e^-$$

$$E^\ominus = 0.265V \tag{4-13}$$

$$ZnS + 4H_2O = Zn^{2+} + HSO_4^- + 7H^+ + 8e^-$$

$$E^\ominus = 0.320V \tag{4-14}$$

$$ZnS + 4H_2O = Zn^{2+} + SO_4^{2-} + 8H^+ + 8e^-$$

$$E^\ominus = 0.334V \tag{4-15}$$

$$ZnS + 6H_2O = Zn(OH)_2 + SO_4^{2-} + 10H^+ + 8e^-$$

$$E^\ominus = 0.425V \tag{4-16}$$

$$ZnS + 6H_2O = ZnO_2^{2-} + SO_4^{2-} + 12H^+ + 8e^-$$

$$E^\ominus = 0.635V \tag{4-17}$$

$$ZnS + 2H^+ = Zn^{2+} + H_2S$$

$$pH^\ominus = -2.084 \tag{4-18}$$

$$H_2S = S + 2H^+ + 2e^-$$

$$E^{\ominus} = 0.142\text{V} \qquad (4\text{-}19)$$

$$S + 4H_2O \xlongequal{\quad} HSO_4^- + 7H^+ + 6e^-$$

$$E^{\ominus} = 0.338\text{V} \qquad (4\text{-}20)$$

$$HSO_4^- \xlongequal{\quad} SO_4^{2-} + H^+$$

$$pH^{\ominus} = 1.89 \qquad (4\text{-}21)$$

$$S + 4H_2O \xlongequal{\quad} SO_4^{2-} + 8H^+ + 6e^-$$

$$E^{\ominus} = 0.357\text{V} \qquad (4\text{-}22)$$

$$Zn(OH)_2 \xlongequal{\quad} ZnO_2^{2-} + 2H^+$$

$$pH^{\ominus} = 14.15 \qquad (4\text{-}23)$$

$$Zn^{2+} + 2H_2O \xlongequal{\quad} Zn(OH)_2 + 2H^+$$

$$pH^{\ominus} = 6.16 \qquad (4\text{-}24)$$

$$Zn + S^{2-} \xlongequal{\quad} ZnS + 2e^-$$

$$E^{\ominus} = -1.461\text{V} \qquad (4\text{-}25)$$

$$S^{2-} + H^+ \xlongequal{\quad} HS^-$$

$$pH^{\ominus} = 12.43 \qquad (4\text{-}26)$$

$$Zn + HS^- \xlongequal{\quad} ZnS + H^+ + 2e^-$$

$$E^{\ominus} = -1.093\text{V} \qquad (4\text{-}27)$$

$$HS^- + H^+ \xlongequal{\quad} H_2S$$

$$pH^{\ominus} = 7.0 \qquad (4\text{-}28)$$

$$Zn + H_2S \xlongequal{\quad} ZnS + 2H^+ + 2e^-$$

$$E^{\ominus} = -0.886\text{V} \qquad (4\text{-}29)$$

考虑到 298K，$1.013 \times 10^5$Pa 下，$H_2S$ 在水中的溶解度为 0.1mol/L，其他可溶物浓度取 $1.0 \times 10^{-4}$mol/L。由上述方程绘出闪锌矿-水体系 Eh-pH 图，如图 4-2 所示。

从图中可见：

（1）若不考虑 $SO_4^{2-}$ 生成时的势垒，闪锌矿在水溶液中将很容易被氧化成 $SO_4^{2-}$，pH 值越高，所需的氧化电位越低，即表明该硫化矿

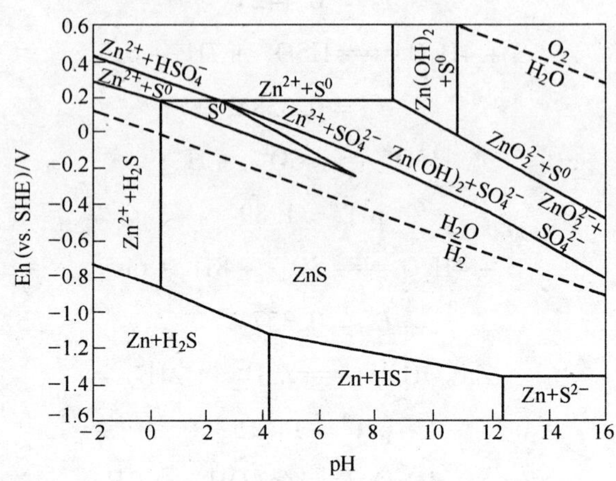


图 4-2 闪锌矿在水体系的 Eh-pH 图

在碱性介质中更容易氧化。在一定电位下，随 pH 值升高，闪锌矿表面将得到不同的最终氧化产物：

pH < 1.92，氧化产物为 $Zn^{2+}$ + $HSO_4^{2-}$（方程 4-14）或 $Zn^{2+}$ + S（方程 4-13）；

1.92 < pH < 8.22，氧化产物为 $Zn^{2+}$ + $SO_4^{2-}$（方程 4-15）；

8.22 < pH < 12.15，氧化产物为 $Zn(OH)_2$ + $SO_4^{2-}$（方程 4-16）；

pH > 12.15，氧化产物为 $ZnO_2^{2-}$ + $SO_4^{2-}$（方程 4-17）。

（2）考虑 $SO_4^{2-}$ 生成时需要 0.5V 的过电位，则生成 $SO_4^{2-}$ 的电位线应上移，此时，闪锌矿在水溶液中将首先氧化生成元素 S，同时稳态 S 存在的区域也将进一步扩大。在一定电位下，随 pH 值升高，闪锌矿表面的氧化产物为：

pH < 8.4，氧化产物为 $Zn^{2+}$ + S；

8.4 < pH < 10.6，氧化产物为 $Zn(OH)_2$ + S；

pH > 10.6，氧化产物为 $ZnO_2^{2-}$ + S。

如果在闪锌矿水溶液中加入 $ZnSO_4$，由于 $Zn^{2+}$ 及 $SO_4^{2-}$ 的浓度增大，将会有如下反应发生：

$$2ZnS + 2ZnSO_4 + 10H_2O =\!=\!=$$

$$ZnSO_4 \cdot Zn(OH)_2 + SO_4^{2-} + 18H^+ + 16e^- \quad (4\text{-}30)$$

$$E^\ominus = 0.364V$$

$$ZnSO_4 \cdot Zn(OH)_2 + 2H^+ = 2Zn^{2+} + SO_4^{2-} + 2H_2O \quad (4\text{-}31)$$

$$pH^\ominus = 3.77$$

$$ZnSO_4 \cdot Zn(OH)_2 + 2H_2O = 2Zn(OH)_2 + 2H^+ + SO_4^{2-} \quad (4\text{-}32)$$

$$pH^\ominus = 8.44$$

图 4-3 中绘出了 298K，$1.013 \times 10^5$Pa，锌离子与硫离子浓度为 $3.16 \times 10^{-2}$mol/L 时（可认为是 $ZnSO_4$ 用量很大时的极限情况），闪锌矿-$ZnSO_4$-水体系 Eh-pH 图。

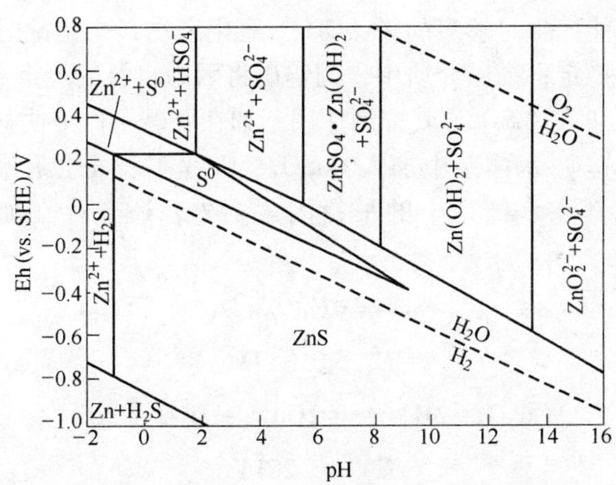


图 4-3 ZnS-$ZnSO_4$-$H_2O$ 体系的 Eh-pH 图

从图 4-3 可以得到以下几个结论：

（1）$ZnSO_4$ 的加入明显改变了闪锌矿表面氧化产物随 pH 的分布情况，使得 $Zn^{2+} + SO_4^{2-}$ 及 $ZnO_2^{2-} + SO_4^{2-}$ 存在的 pH 值区域缩小，而 $Zn(OH)_2 + SO_4^{2-}$ 存在的区域扩大。

（2）$ZnSO_4$ 的加入对闪锌矿的氧化电位几乎没有影响，尽管加入 $ZnSO_4$ 后，闪锌矿氧化成 $SO_4^{2-}$（强酸状态下为 $HSO_4^-$）的电位曲线比未加入前的电位曲线略有上升，但二者几乎重合，表明 $ZnSO_4$ 并未改变闪锌矿表面发生氧化的条件（但氧化产物有所改变）。

（3）在 $ZnSO_4$ 用量极大的体系中，一方面 $Zn(OH)_2$ 存在的 pH 值范围拓宽至 5.43 ~ 13.63，另一方面，在这一区域内产生了 $ZnSO_4 \cdot Zn(OH)_2$ 这一新组分，新组分对 ZnS 抑制作用的直接作用就是增加了 $Zn(OH)_2$ 这个两性物质在弱酸性介质中的稳定性。

（4）$ZnSO_4$ 对闪锌矿抑制作用的分析表明，无论是中性矿浆还是碱性矿浆，起抑制作用的主要组分将是 $Zn(OH)_2$。$Zn(OH)_2$ 的来源有两处：一处来源于闪锌矿的自身氧化，另一处来源于加入的 $ZnSO_4$。中性至弱酸性介质中，未加入 $ZnSO_4$ 时，$Zn(OH)_2$ 未能稳定存在，此时闪锌矿并不会因为自身氧化而受到抑制；弱碱性矿浆中，闪锌矿的抑制须加入 $ZnSO_4$ 才能进行，其中的原因可能有两个：一是闪锌矿未能产生足够多的 $Zn(OH)_2$ 氧化产物，二是此时 $Zn(OH)_2$ 的存在不够稳定；高碱介质中，闪锌矿将因为自身的严重氧化而受到抑制，此时加入 $ZnSO_4$，其抑制作用不如在弱碱条件下明显。

如在闪锌矿-水体系中加入 $CuSO_4$，闪锌矿表面会有铜的硫化物产生，除了其在水体系中的平衡因素之外，还会存在如下的平衡关系：

$$Cu \Longleftrightarrow Cu^{2+} + 2e^-$$
$$E^\ominus = 0.337V \quad (4\text{-}33)$$

$$Cu_2O + 2H^+ \Longleftrightarrow 2Cu^{2+} + H_2O + 2e^-$$
$$E^\ominus = 0.201V \quad (4\text{-}34)$$

$$Cu_2O + 3H_2O \Longleftrightarrow 2CuO_2^{2-} + 6H^+ + 2e^-$$
$$E^\ominus = 2.568V \quad (4\text{-}35)$$

$$2Cu + H_2O \Longleftrightarrow Cu_2O + 2H^+ + 2e^-$$
$$E^\ominus = 0.471V \quad (4\text{-}36)$$

$$Cu_2S + 4H_2O \Longleftrightarrow 2Cu + SO_4^{2-} + 8H^+ + 6e^-$$
$$E^\ominus = 0.506V \quad (4\text{-}37)$$

$$Cu_2S + 4H_2O \Longleftrightarrow 2Cu^{2+} + SO_4^{2-} + 8H^+ + 10e^-$$

$$E^{\ominus} = 0.438\text{V} \tag{4-38}$$

$$Cu_2S + 4H_2O = 2Cu^{2+} + HSO_4^- + 7H^+ + 10e^-$$

$$E^{\ominus} = 0.427\text{V} \tag{4-39}$$

$$Cu_2S + 4H_2O = Cu_2S + HSO_4^- + 7H^+ + 6e^-$$

$$E^{\ominus} = 0.359\text{V} \tag{4-40}$$

$$Cu_2S + 4H_2O = Cu_2S + SO_4^- + 8H^+ + 6e^-$$

$$E^{\ominus} = 0.377\text{V} \tag{4-41}$$

$$Cu_2S + HS^- = 2CuS + H^+ + 2e^-$$

$$E^{\ominus} = -0.126\text{V} \tag{4-42}$$

$$Cu_2S + H_2S = 2CuS + 2H^+ + 2e^-$$

$$E^{\ominus} = 0.081\text{V} \tag{4-43}$$

$$Cu_2S + H_2S = S \cdot CuS + 2H^+ + 2e^-$$

$$E^{\ominus} = 0.148\text{V} \tag{4-44}$$

$$S \cdot CuS + 4H_2O = CuS + HSO_4^- + 7H^+ + 6e^-$$

$$E^{\ominus} = 0.338\text{V} \tag{4-45}$$

$$S \cdot CuS + 4H_2O = CuS + SO_4^{2-} + 8H^+ + 6e^-$$

$$E^{\ominus} = 0.357\text{V} \tag{4-46}$$

$$CuS + HS^- = S \cdot CuS + H^+ + 2e^-$$

$$E^{\ominus} = -0.066\text{V} \tag{4-47}$$

若考虑大气中 $CO_2$ 的存在，还有：

$$Cu_2O + 2H_2O + CO_2(g) = Cu_2(OH)_2CO_3 + 2H^+ + 2e^-$$

$$E^{\ominus} = 0.567\text{V} \tag{4-48}$$

$$Cu_2(OH)_2CO_3 + H_2O = 2Cu^{2+} + 4OH^- + CO_2(g)$$

$$pH^{\ominus} = 3.11 \tag{4-49}$$

$$Cu_2(OH)_2CO_3 + H_2O = 2CuO_2^{2-} + CO_2(g) + 4H^+$$

$$pH^{\ominus} = 11.12 \tag{4-50}$$

298K，$1.013 \times 10^5$Pa，$[H_2S] = 0.1$mol/L，其他可溶物浓度取 $1.0 \times 10^{-4}$mol/L，按以上方程绘出 Cu-S-$H_2O$ 体系 Eh-pH 图(图 4-4)，图中虚线为 ZnS-$H_2O$ 体系 Eh-pH 图（部分）。

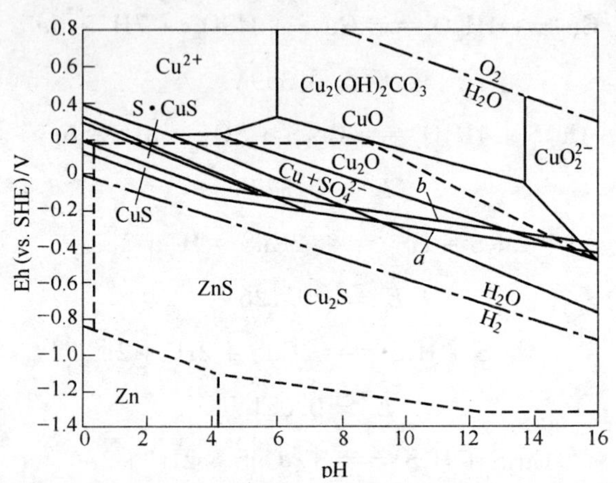


图 4-4 ZnS-$CuSO_4$-$H_2O$ 体系 Eh-pH 图

根据图 4-4，可以得出：

（1）在闪锌矿-水体系中加入 $CuSO_4$ 之后，与 ZnS 共存的组分为 $Cu_2S$，并且在 pH >5 的情况下，$Cu_2S$ 氧化时，其氧化电位比闪锌矿的热力学稳定电位（以生成产物中有硫的电位线表示）低。表明用 $CuSO_4$ 活化闪锌矿，矿物表面将首先形成类似于辉铜矿（$Cu_2S$）的产物，该产物一旦生成，即较闪锌矿优先氧化。

（2）若不考虑 $SO_4^{2-}$ 生成时的势垒，$Cu_2S$ 的初始氧化产物为 $Cu + SO_4^{2-}$，即是硫元素首先氧化，然后才是铜被进一步氧化为 $Cu^+$ 和 $Cu^{2+}$。若考虑 $SO_4^{2-}$ 的生成势垒，凡是氧化产物中有 $SO_4^{2-}$（$HSO_4^-$）的电位线均将上移，这样，产物 CuS 和 S·CuS 稳定存在的区域将扩大，不过二者的初始生成电位线（$a$，$b$）仍将保持在原来位置。重新分析考虑 $SO_4^{2-}$ 生成势垒的电位-pH 图，可以发现 $Cu_2S$ 的初始氧化产物为 CuS，CuS 还将进一步氧化为 S·CuS。氧化过程是：pH <4 时，按方程（4-43）和方程（4-44）进行；pH >4 时，按方程

(4-42)和方程（4-47）进行。

（3）综合以上两点，在闪锌矿-水体系中加入 $CuSO_4$，在闪锌矿表面首先形成的将是 $Cu_2S$。$Cu_2S$ 一旦形成，即较闪锌矿优先氧化为 CuS 和 S · CuS。因此，$CuSO_4$ 的活化作用有两点，一是使闪锌矿表面产生具有辉铜矿（$Cu_2S$）和铜蓝（CuS）结构的活化组分，二是防止闪锌矿表面的过度氧化，对闪锌矿起到保护作用，这种保护作用可以一直持续到 pH < 14 的范围。

同样可以绘制黄铁矿、磁黄铁矿及铁闪锌矿在水中氧化的 Eh-pH 图，如图 4-5 ~ 图 4-7 所示。

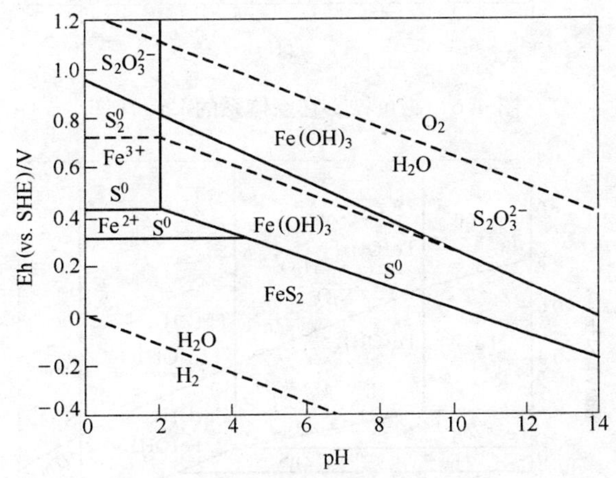


图 4-5 黄铁矿在水体系的 Eh-pH 图

磁黄铁矿化学计量式为 $Fe_{1-x}S$，是由于 $Fe^{3+}$ 取代 FeS 中 $Fe^{2+}$，造成 FeS 缺位结构，$x$ 表示空位数。本书所研究的磁黄铁矿化学计量式为 $FeS_{1.13}$。

铁闪锌矿属于闪锌矿的类质同象，即 Zn-S 晶格中的 $Zn^{2+}$ 为 $Fe^{2+}$ 取代，当 FeS 含量超过 26% 时，即会有 FeS 析出。参照湿法冶金中 Eh-pH 绘制方法，将之简化为 ZnS · FeS 处理。

从图 4-1 ~ 图 4-7 可见，硫化矿物的表面氧化深度、产物类型受 pH 值、Eh 控制。

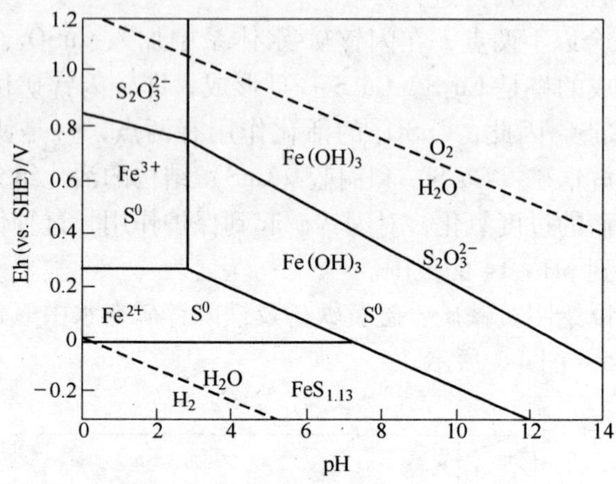


图 4-6 磁黄铁矿在水体系的 Eh-pH 图

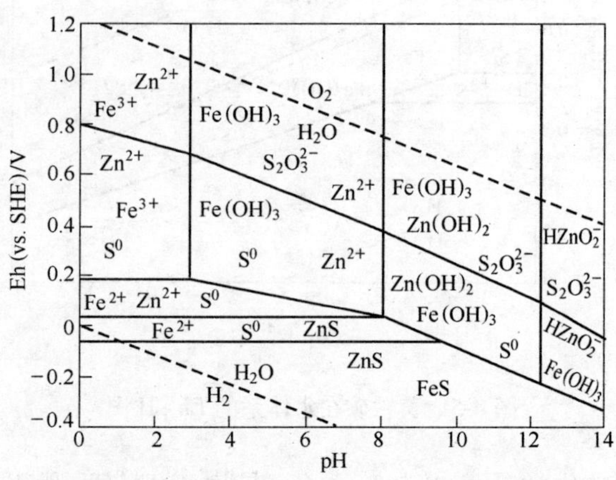


图 4-7 铁闪锌矿在水体系的 Eh-pH 图

### 4.1.3 硫化矿表面氧化 Eh-pH 曲线分析

以上绘制了方铅矿等五种硫化矿物在水体系中的 Eh-pH 图。如果以生成 $S^0$ 的反应为产生疏水体的反应，以生成 $S_2O_3^{2-}$ 或 $SO_4^{2-}$ 的反应为表面不产生疏水体反应，由图 4-1 ~ 图 4-7 则可预测方铅矿等硫化矿物无捕收剂浮选时在不同 pH 值条件下的电位区间，如表 4-1 所示。

**表 4-1 由 Eh-pH 图预测的硫化矿物无捕收剂浮选电位区间**

| 矿物名称 | 电位区间 | pH | | | | |
|---|---|---|---|---|---|---|
| | | 2 | 4 | 6 | 9 | 11 |
| 方铅矿 | 电位下限/V | 0.236 | 0.236 | 0.236 | 0.225 | 0.081 |
| | 电位上限/V | 0.75 | 0.662 | 0.574 | 0.432 | 0.271 |
| 闪锌矿 | 电位下限/V | 0.082 | -0.046 | -0.185 | 0.444 | 0.297 |
| | 电位上限/V | 0.183 | 0.032 | -0.082 | 0.078 | -0.081 |
| 铁闪锌矿 | 电位下限/V | 0.053 | 0.053 | 0.053 | -0.05 | -0.168 |
| | 电位上限/V | 0.724 | 0.654 | 0.584 | 0.315 | 0.171 |
| 磁黄铁矿 | 电位下限/V | 0.253 | 0.185 | 0.067 | -0.11 | -0.228 |
| | 电位上限/V | 0.758 | 0.64 | 0.64 | 0.28 | 0.136 |
| 黄铁矿 | 电位下限/V | 0.716 | 0.613 | 0.495 | 0.316 | |
| | 电位上限/V | 0.862 | 0.719 | 0.567 | 0.339 | |

图 4-5 黄铁矿在水体系 Eh-pH 图中两条虚线分别代表以下两个反应式（4-51）和式（4-52）：

$$FeS_2 = Fe^{2+} + S_2^0 + 2e^-$$
$$E = 0.716V \qquad (4\text{-}51)$$

$$FeS_2 + 3H_2O = Fe(OH)_3 + S_2^0 + 3H^+ + 3e^-$$
$$E = 0.849 - 0.059pH \qquad (4\text{-}52)$$

这是由于黄铁矿晶体中 Fe—S 键易断，对硫阴离子 $S_2^{2-}$ 的 S—S 键难断，导致黄铁矿在酸性介质中氧化产生 $S_2^0$ 疏水体而不是 $S^0$。因此在推测黄铁矿无捕收剂浮选电位区间时，是以产生 $S_2^0$ 的电位作为电位下限。$S_2^0$ 稳定存在的电位区间很窄，pH >6 以后不稳定存在，这与实际的黄铁矿无捕收剂浮选相似。硫化矿物表面氧化对捕收剂浮选影响重大，因为表面氧化的程度对捕收剂在矿物表面作用的方式、吸附程度有影响。Eh-pH 曲线是从热力学的角度来计算各个反应的平衡电位而建立的，而且假定反应足够快同时形成热力学上稳定的组分，同时还假设反应体系无限大，这些与矿物实际的浮选情况有较大出入。因为，首先矿物浮选的体系是有限的；其次，浮选过程中，硫化矿物的氧化仅仅发生在矿物表面，氧化产物多为不稳定结构。而表4-1的预测也是人为假定生成 $S^0$ 或 $S_2^0$ 电位为浮选电位下限，产生 $S_2O_3^{2-}$ 或 $SO_4^{2-}$ 时的电位为上限，这只是一种简化处理，因为硫化矿表面氧化时产物不稳定，$S^0$、$S_2O_3^{2-}$、$SO_4^{2-}$ 及其他金属的氢氧化物等可能同时存在，难以确定其表面亲水-疏水平衡，因此 Eh-pH 曲线存在局限性。

## 4.2 难选铅锌硫化矿物表面氧化的电化学研究

### 4.2.1 方铅矿表面氧化的电化学研究

图4-8给出了方铅矿电极在 pH 值不同的溶液中，从 −0.6 ~ +1.0V扫描时的循环伏安曲线。随着 pH 值的增加，阳极电流增大，这与 Eh-pH 升高，同一电位下氧化加剧的结论一致。由于在电化学反应体系中，与反应无关的离子及其他可溶性组分已尽可能被消除，故假定反应的可溶性组分为 $1.0\times10^{-4}$ mol/L。当 pH 值为 7.07 时，方铅矿在电位 $E=0.2$V 左右开始氧化，可能对应下列反应：

$$PbS = Pb^{2+} + S^0 + 2e^- \tag{4-53}$$

依照能特斯方程，上式反应的热力学平衡电位为 0.236V，两者较接近，所以认为图4-8中，当 pH 值为 6.86 时，方铅矿表面氧化起始反应是式（4-53）的反应。

当 pH 值为 9.18 时，图4-8所示的方铅矿的起始氧化电位约为 0.22V，这可能对应以下反应：

$$PbS + 2H_2O = Pb(OH)_2 + S^0 + 2H^+ + 2e^- \tag{4-54}$$

上述热力学平衡电位为 0.252V。随着向正方向扫描，在 0.45V 左右又有一个起始氧化电位，可能对应以下反应：

$$2PbS + 7H_2O = 2HPbO_2^- + S_2O_3^{2-} + 12H^+ + 8e^- \tag{4-55}$$

考虑生成 $S_2O_3^{2-}$ 的过电位，反应式（4-55）的热力学平衡电位约为 0.442V，与图中 0.45V 相近。

当 pH 值为 12.8 时，在 0.1V 左右出现第一个氧化峰，可能对应如下反应：

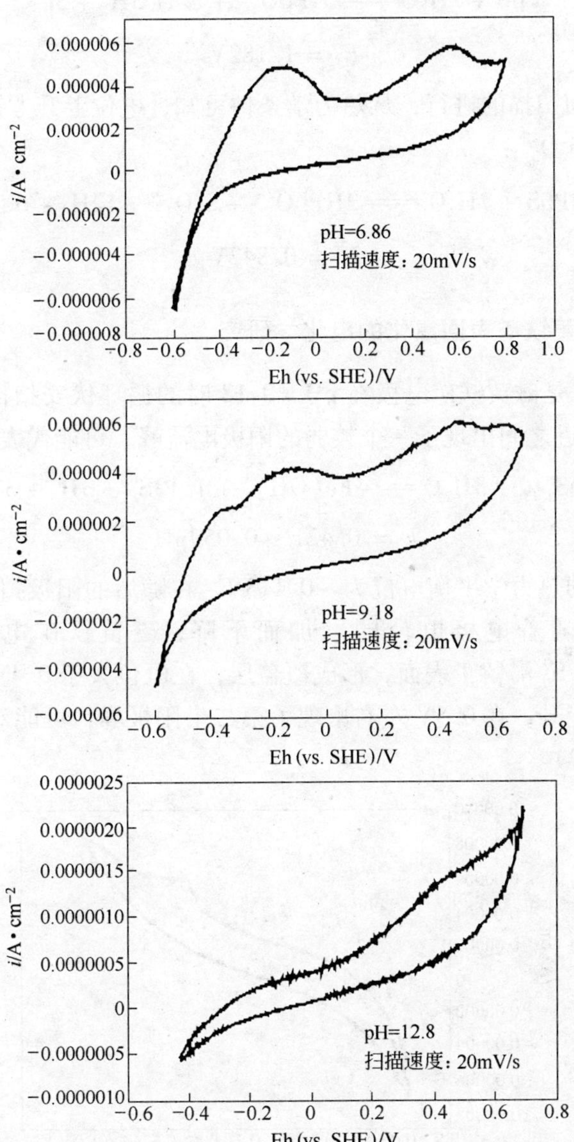


图 4-8 方铅矿电极在不同 pH 值条件下的循环伏安扫描曲线
（25℃，0.1mol/L $Na_2SO_4$）

$$PbS + 2H_2O = HPbO^{2-} + S^0 + 3H^+ + 3e^-$$

$$E^{\ominus} = 1.182V \tag{4-56}$$

随正向扫描的进行，从热力学条件可知，电位上升方铅矿表面将会氧化成 $S_2O_3^{2-}$：

$$2PbS + 7H_2O = 2HPbO^{2-} + S_2O_3^{2-} + 12H^+ + 6e^-$$

$$E^{\ominus} = 0.842V \tag{4-57}$$

### 4.2.2 磁黄铁矿表面氧化的电化学研究

图 4-9 是磁黄铁矿电极在 pH = 9.18 时的循环伏安扫描曲线。在 -0.2V 附近之间出现了一个较弱的阳极电流峰，可能代表以下反应：

$$FeS_{1.13} + 3H_2O = Fe(OH)_3 + 1.13S^0 + 3H^+ + 3e^-$$

$$E = 0.421 - 0.059pH \tag{4-58}$$

上式的热力学平衡电位为 -0.113V。在随后的阳极扫描过程中，阳极电流随着电极电位的增加而下降，磁黄铁矿电极表面有 $Fe(OH)_3$、$S^0$ 滞留于表面，形成覆盖层；在电位大于 0.4V 以后，阳极电流又上升，在 0.5V 左右出现了第二个阳极峰，可能对应的反应是式（4-59）。

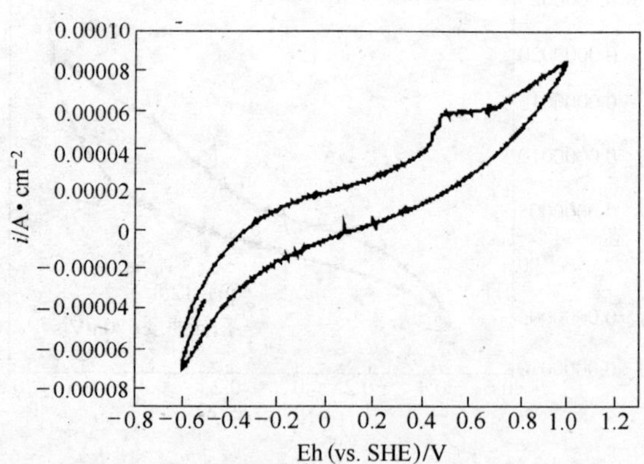


图 4-9　磁黄铁矿电极的循环伏安扫描曲线

（pH = 9.18，25℃，0.1mol/L $Na_2SO_4$，扫描速度 20mV/s）

$$2FeS_{1.13} + 9.39H_2O = 2Fe(OH)_3 + 1.13S_2O_3^{2-} + 12.78H^+ + 10.52e^-$$

$$E = 0.914 - 0.072pH \quad (4\text{-}59)$$

考虑生成 $S_2O_3^{2-}$ 的过电位，上述反应在 pH 值为 9.18 时的电位约为0.255V，与图中0.33V 的起始氧化电位相近。电位大于0.5V 以后，阳极电流又下降，但随后又上升，此时可能对应着 $S_2O_3^{2-}$ 的进一步氧化。而在此高电位下，可能伴随着 $O_2$ 的析出，阳极电流增加较快。

$$FeS_{1.13} + 7.52H_2O = Fe(OH)_3 + 1.13SO_4^{2-} + 12.04H^+ + 9.78e^- \quad (4\text{-}60)$$

### 4.2.3 闪锌矿表面氧化的电化学研究

闪锌矿复合电极在不同 pH 值水溶液中的循环伏安曲线如图 4-10 所示。

从图 4-10 中可见，当 pH 值为 6.86 时，第一次扫描首先出现的阳极峰 $ap_1$ 对应于闪锌矿按下式发生氧化：

$$ZnS = Zn^{2+} + S + 2e^-$$

$$E^{\ominus} = 0.265V \quad (4\text{-}61)$$

但硫并不是闪锌矿表面氧化的最终产物，因为随后的第二个阳极峰 $ap_2$ 出现的电位对应于下述反应的热力学电位（考虑 $SO_4^{2-}$ 生成时的过电位)：

$$S + 4H_2O = SO_4^{2-} + 8H^+ + 6e^-$$

$$E^{\ominus} = 0.357V \quad (4\text{-}62)$$

当 pH 值为 9.18 时，闪锌矿表面的氧化反应为：

$$ZnS + 2H_2O = Zn(OH)_2 + S + 2H^+ + 2e^-$$

$$E^{\ominus} = 0.665V \quad (4\text{-}63)$$

电位较正的第二个阳极峰 $ap_2$ 仍是硫氧化成 $SO_4^{2-}$ 的反应。逆向扫描时，出现了一个阴极峰 $cp_1$，这可能是阳极氧化产物 $Zn(OH)_2$ 未能完全从电极表面移去，再和经还原的硫反应重新生成 ZnS（反应式

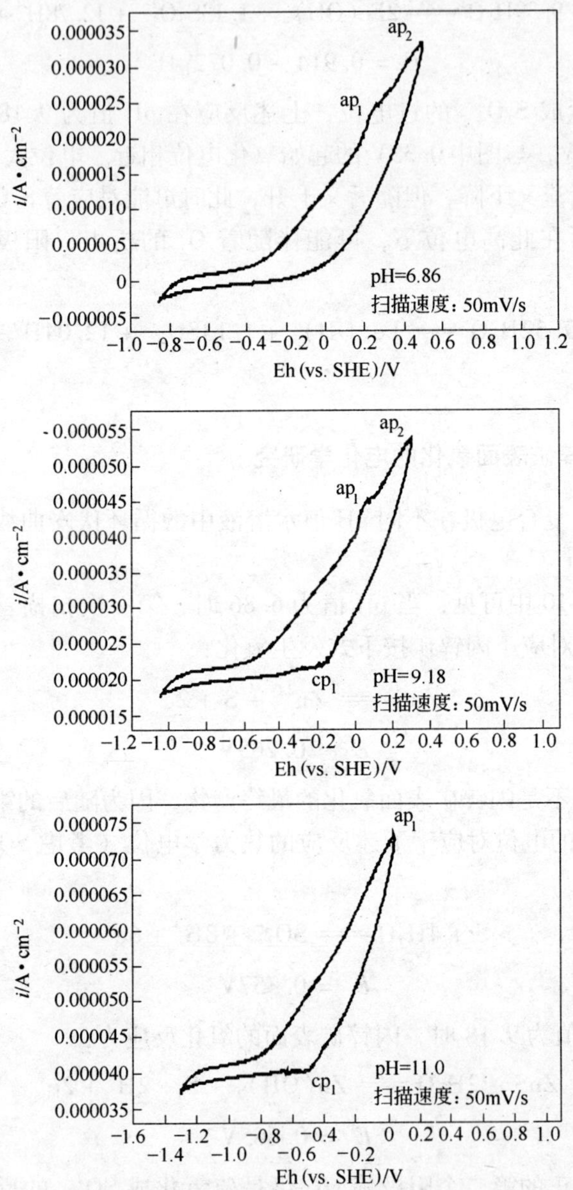


图4-10　闪锌矿复合电极在不同pH值缓冲溶液中的循环伏安曲线

（25℃，0.1mol/L $NaNO_3$）

(4-63) 的逆反应)。

在 pH 值为 11.0 高碱介质中，阳极电流集聚增大，表面闪锌矿表面发生了更为剧烈的氧化。同时，在弱酸及弱碱条件下出现的两个阳极峰合二为一，表明此时闪锌矿的氧化直接按下式进行：

$$ZnS + 6H_2O \longrightarrow ZnO_2^{2-} + SO_4^{2-} + 12H^+ + 8e$$
$$E^{\ominus} = 0.635V \tag{4-64}$$

由于 $ZnO_2^{2-}$ 未能从电极表面完全溶解，逆向扫描时出现了 $ZnO_2^{2-}$ 和 S 反应重新形成 ZnS 所表示的阴极峰 $cp_1$。

综上所述，在弱酸及弱碱性介质中，闪锌矿表面的氧化产物中有可能存在硫，但硫能稳定存在的电位上限较低。在高碱介质中，即使在较低的氧化电位下，闪锌矿表面不仅不会生成硫，而且其自身将发生严重氧化。这对于电位调控浮选过程中闪锌矿的自身氧化抑制是非常有利的。

#### 4.2.3.1 $ZnSO_4$ 对闪锌矿自身氧化的影响

闪锌矿复合电极在含有 $1.0 \times 10^{-2}$ mol/L $ZnSO_4$ 水溶液中的循环伏安曲线如图 4-11 所示。

从图 4-11 中可以看出，在闪锌矿-水体系中加入 $ZnSO_4$，所得的循环伏安曲线的形状并未发生改变，特别是不同 pH 值的起始氧化电位与未加入 $ZnSO_4$ 时一样，说明 $ZnSO_4$ 未能改变闪锌矿表面发生氧化的条件。

pH 值为 6.86 时，从该 pH 值的氧化情况来看，$ZnSO_4$ 对闪锌矿的抑制作用不太明显。

pH 值为 9.18 时，循环伏安曲线上的较明显改变是逆向扫描时第二个阴极峰增大，该峰对应反应式 (4-63) 的逆反应，峰电流的增大说明闪锌矿表面的氧化产物 $Zn(OH)_2$ 在电极表面的滞留量增多，因此可以认为在此 pH 值下 $ZnSO_4$ 的加入将使得闪锌矿表面覆盖更多的 $Zn(OH)_2$ 亲水产物（该产物有可能来自于闪锌矿的自身氧化，也可能来自 $ZnSO_4$ 在液相中生成 $Zn(OH)_2$ 吸附于闪锌矿表面），因而对闪锌矿产生抑制作用。

pH 值为 11.0 的高碱情况下，伏安曲线的阳极扫描段未发生变

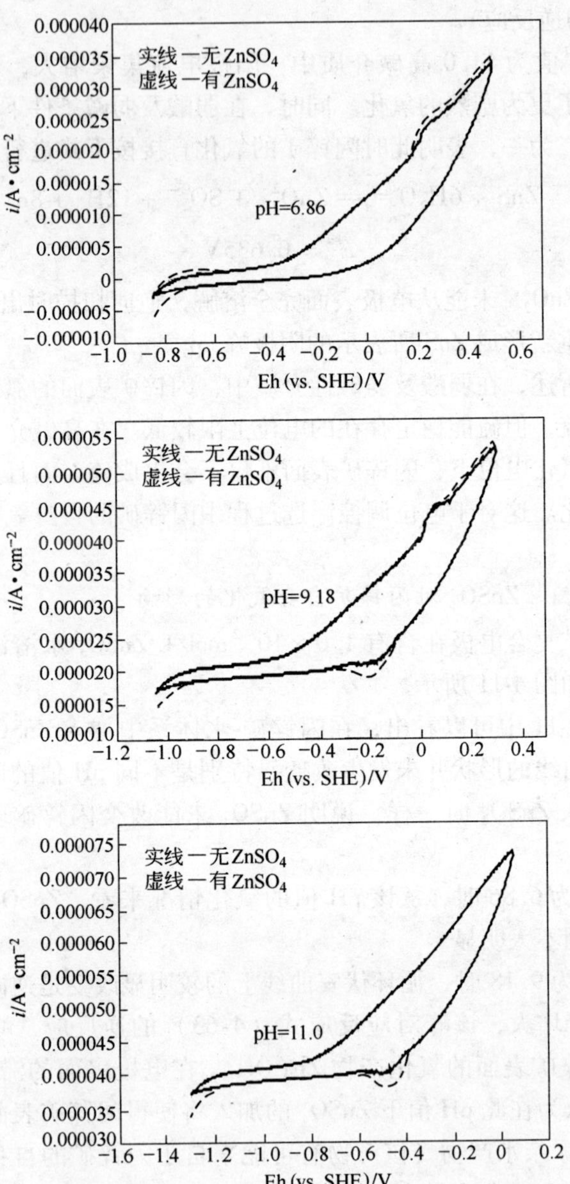


图4-11 $ZnSO_4$ 对闪锌矿循环伏安曲线的影响

(25℃，0.1mol/L $Na_2SO_4$，扫描速度20mV/s)

化，逆向扫描时代表 $ZnO_2^{2-}$ 重新还原为 ZnS 的阴极峰略有增大，表明 $ZnSO_4$ 的加入仅能使闪锌矿表面的亲水产物略有增多，抑制作用不如在弱碱性介质中明显。

结合前面分析的闪锌矿在高碱介质中低电位下严重氧化的测试结果，可以预计在电位调控浮选过程中，在较低碱度条件下，可采用 $ZnSO_4$ 对闪锌矿进行抑制。

4.2.3.2 经 $CuSO_4$ 活化的闪锌矿的氧化行为

闪锌矿复合电极在含有 $1.0\times10^{-4}$mol/L $CuSO_4$ 水溶液中的循环伏安曲线发生了很大变化，如图 4-12 所示。

从图 4-12 中可看出，闪锌矿经 $CuSO_4$ 活化之后，表面产物的氧化特性与闪锌矿本身的氧化发生了较大变化，从起始氧化电位来看，表面产物较闪锌矿优先氧化。

pH 值为 6.86 时，随着正向扫描的进行出现的第一个阳极峰（0.25V 左右）可能对应如下的两个反应：

$$CuS + H_2S = S\cdot CuS + 2H^+ + 2e^- \quad E^{\ominus} = 0.148V \qquad (4\text{-}65)$$

$$Cu_2S + H_2S = 2CuS + 2H^+ + 2e^- \quad E^{\ominus} = 0.081V \qquad (4\text{-}66)$$

在 0.53V 处的阳极峰则是 $Cu_2S$ 和 $S\cdot CuS$ 的继续氧化：

$$Cu_2S = CuS + Cu^{2+} + 2e^- \quad E^{\ominus} = 0.408V \qquad (4\text{-}67)$$

$$S\cdot CuS + 4H_2O = CuS + SO_4^{2-} + 8H^+ + 6e^- \quad E^{\ominus} = 0.357V \qquad (4\text{-}68)$$

由于反应 $CuS = Cu^{2+} + S + 2e^-$ ($E^{\ominus}=0.59V$) 的热力学可逆电位较高，同时考虑 $SO_4^{2-}$ 生成的势垒，可以认为在图示扫描电位上限情况下，CuS 未被继续氧化。逆向扫描时，出现了一连串的三个阴极峰，从右到左，电位较高处的第一个阴极峰对应于反应式（4-68）的逆反应；第二个阴极峰则是反应式（4-67）的逆反应；第三个较为显著的阴极峰为硫的还原过程。

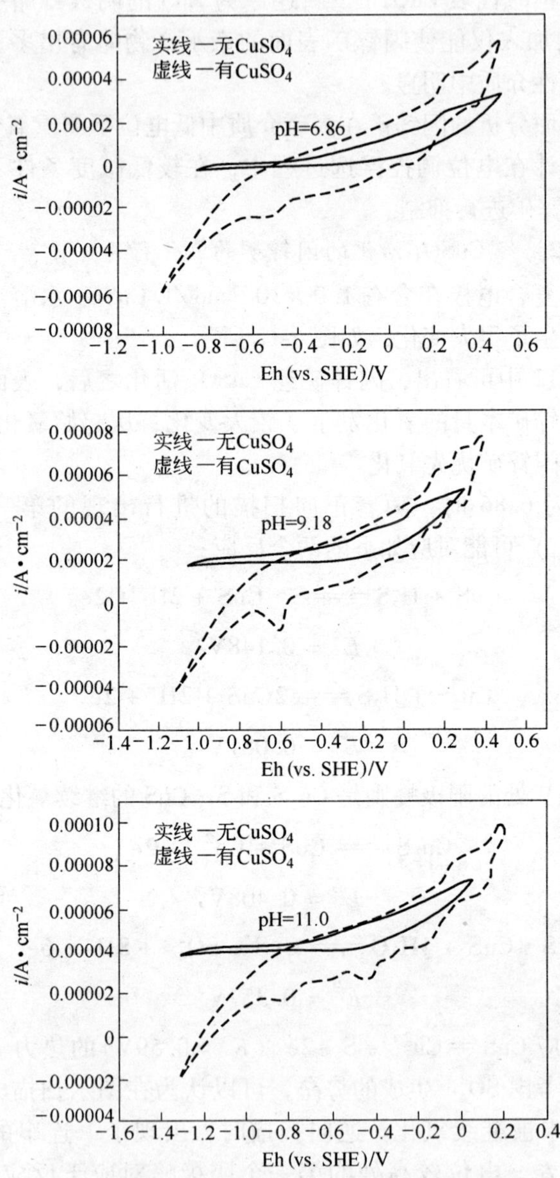


图 4-12　经 $CuSO_4$ 活化的闪锌矿循环伏安曲线

（25℃，0.1mol/L $Na_2SO_4$，扫描速度 20mV/s）

pH 值为9.18 时，经 $CuSO_4$ 活化的闪锌矿的循环伏安曲线较为复杂。在图示扫描电位上限情况下，正向扫描时出现的一系列阳极峰包含了如下反应：

$$CuS + HS^- \xlongequal{} S \cdot CuS + H^+ + 2e^-$$

$$E^{\ominus} = -0.066V \tag{4-69}$$

$$Cu_2S + HS^- \xlongequal{} 2CuS + H^+ + 2e^-$$

$$E^{\ominus} = -0.126V \tag{4-70}$$

$$S \cdot CuS + 4H_2O \xlongequal{} CuS + SO_4^{2-} + 8H^+ + 6e^-$$

$$E^{\ominus} = 0.357V \tag{4-71}$$

$$CuS + 2H_2O \xlongequal{} Cu(OH)_2 + 2H^+ + 2e^-$$

$$E^{\ominus} = -0.863V \tag{4-72}$$

由此可见，在弱碱性介质中，电极表面不仅存在 $Cu_2S$ 和 CuS，还有可能存在 $Cu(OH)_2$，元素硫是否存在，则取决于氧化电位的大小。逆向扫描时，阴极峰对应于反应式（4-71）、反应式（4-72）的逆反应及硫的还原反应（还原产物为 $HS^-$）。

在 pH 值为11.0 高碱介质中，扫描电位上限取0.25V。正向扫描时阳极峰与上类似，对应于 $Cu_2S$ 氧化为 CuS 或 S·CuS 的反应。在电位0.2～0.25V 处的阳极峰则有可能包括反应式（4-71）、反应式（4-72）以及如下反应：

$$2CuS + 4H_2O \xlongequal{} Cu_2S + SO_4^{2-} + 8H^+ + 6e^-$$

$$E^{\ominus} = 0.377V \tag{4-73}$$

此时，电极表面也将会存在 $Cu_2S$、CuS、$Cu(OH)_2$ 及元素硫等几种产物，因此逆向扫描时出现了一系列逆反应所表示的阴极峰。

综合分析上述循环伏安测试结果，未能确切鉴定闪锌矿表面的活化产物究竟是 $Cu_2S$ 还是 CuS，不过，这一现象本身也许就暗示着过程的本质。可以设想，在闪锌矿-$CuSO_4$ 体系中，活化产物硫化铜中的铜含量与液相中的铜含量处于平衡关系，并严格受化学电位所控制。当电位低于硫化铜的静电位时，活化产物将按如下所示的阴极反应从溶液中吸附更多的铜离子生成高 Cu/S 比的化合物：

$$Cu_xS_y + zCu^{2+} + 2ze^- \longrightarrow Cu_{x+z}S_y \tag{4-74}$$

当电位高于硫化铜的静电位时，硫化物按如下的反应失去部分铜：

$$Cu_xS_y \longrightarrow Cu_{x-z}S_y + zCu^{2+} + 2ze^- \tag{4-75}$$

由此形成低 Cu/S 比的硫化铜。因此，在实际的原生电位浮选体系中，可以认为在闪锌矿表面的活化产物是一些不同铜含量的铜的硫化物，即一些非化学计量的硫化铜，引用辉铜矿在地质成矿过程中的电化学知识，它们可能有：辉铜矿（$Cu_2S$）、久辉铜矿（$Cu_{1.96}S$）、罗硫铜矿（$Cu_{1.74\sim1.82}S$）、斜方蓝辉铜矿（$Cu_{1.75}S$）、吉硫铜矿（$Cu_{1.60}S$）、斯硫铜矿（$Cu_{1.40}S$）、雅硫铜矿（$Cu_{1.12}S$）以及铜蓝（CuS）等。

### 4.2.4 铁闪锌矿表面氧化的行为及机理

#### 4.2.4.1 pH 值对铁闪锌矿表面腐蚀动力学的影响

对于一个电极反应：

$$O + ne^- \longrightarrow R \tag{4-76}$$

当极化过电位 $\eta \geqslant \frac{120}{n}$mV 时，电极过程受电化学步骤控制，这时极化过电位 $\eta$ 与电流密度 $i_c$ 之间的关系服从 Tafel 方程。对于阴极极化有：

$$\eta_c = \varphi_{平} - \varphi = -\frac{2.3RT}{\alpha nF}\lg i_0 + \frac{2.3RT}{\alpha nF}\lg i_c \tag{4-77}$$

对于阳极极化有：

$$\eta_\alpha = \varphi - \varphi_{平} = -\frac{2.3RT}{\beta nF}\lg i_0 + \frac{2.3RT}{\beta nF}\lg i \tag{4-78}$$

当 $|i| \gg i_0$ 时，

$$\eta_\alpha = -\frac{2.3RT}{\beta nF}\lg i_0 + \frac{2.3RT}{\beta nF}\lg i \tag{4-79}$$

$$i_0 = nFKC_0\left(\frac{C_0}{C_R}\right)^{-\alpha} = nFKC_0^{\ 1-\alpha}C_R^{\ \alpha} \tag{4-80}$$

式中 $\eta$——过电位；

$i_0$——交换电流密度；

$\alpha$，$\beta$——电子传递系数；

$C_0$，$C_R$——分别为氧化态粒子 O 和还原态粒子 R 在界面层中的浓度；

$K$——电极反应速度常数，其物理意义是：当电极电势为反应体系的标准平衡电势及反应粒子为单位浓度时，电极反应的进行速度。

铁闪锌矿电极在 0.1mol/L $KNO_3$ 介质中，用 NaOH 调节 pH 值时，测得的 Tafel 曲线，如图 4-13 所示，有关参数如表 4-2 所示。

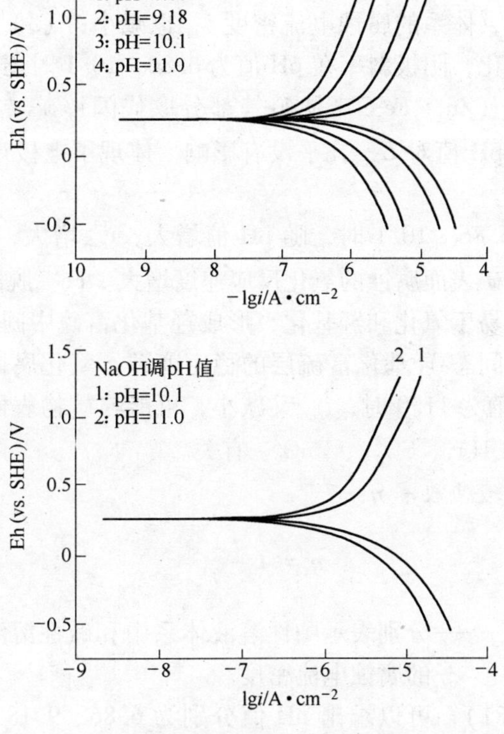


图 4-13 铁闪锌矿电极在不同 pH 值的 0.1mol/L $Na_2SO_4$ 溶液中的 Tafel 曲线

**表 4-2　不同 pH 值的 0.1mol/L $Na_2SO_4$ 溶液中，铁闪锌矿电极的 Tafel 参数**

| pH 值 | $E_{corr}$/V | $i_{corr}$/μA · cm$^{-2}$ | 阳极斜率 ba | 阴极斜率 bc |
|---|---|---|---|---|
| 6.86 | 0.2512 | 1.813 | 0.943 | −0.721 |
| 9.18 | 0.2533 | 2.011 | 0.832 | −0.665 |
| 10.1 | 0.2445 | 6.926 | 4.335 | −0.641 |
| 11.0 | 0.2482 | 3.118 | 0.938 | −0.660 |

从图 4-13 和表 4-2 可以看出：（1）pH 值对体系的腐蚀电位 $E_{corr}$ 几乎没有影响；（2）pH 值为 6.86 ~ 10.1 时，随着 pH 值增加，体系的腐蚀电流密度 $i_{corr}$ 增大。pH 值为 10.1 与 pH 值为 6.86 相比，体系的腐蚀电流 $i_{corr}$ 增大了将近 4 倍，而当 pH 值为 11.0 时，阴、阳极电流密度又减小，体系的腐蚀电流密度 $i_{corr}$ 也减小；（3）阳极 Tafel 斜率呈锯齿状变化，阴极斜率在 pH 值为 6.86 ~ 10.1 时逐步减小。

铁闪锌矿（$Zn_{1-x}Fe_xS$）是 $Fe^{2+}$ 部分取代闪锌矿（ZnS）晶格中 $Zn^{2+}$ 的结果。pH 值对 $E_{corr}$ 几乎没有影响，体现了电极过程受 $Fe^{2+}$ 的固体扩散控制。

pH 值为 6.86 ~ 10.1 时，随 pH 值增大，$i_{corr}$ 增大，从式（4-80）可知，铁闪锌矿表面腐蚀的氧化反应速度增大。$Fe^{2+}$ 脱离铁闪锌矿晶格进入溶液，易于氧化和羟基化，形成羟基化富硫中间态，随 pH 值增大，这个中间态-羟基化富硫层的稳定变差，氧化腐蚀反应的速度增大。而 pH 值为 11.0 时，$i_{corr}$ 又减小，可能与矿物表面发生氧化直接生成了 $Fe(OH)_3$、$SO_4^{2-}$、$ZnO_2^{2-}$ 有关。

如果定义缓蚀效率 $\eta$：

$$\eta = 1 - \frac{i_{corr}}{i_{corr}^0} \tag{4-81}$$

式中　$i_{corr}^0$，$i_{corr}$——分别表示中性溶液体系中和碱性溶液体系中矿物的腐蚀电流密度。

据式（4-81），可以求出 pH 值分别为 6.86、9.18、10.1、11.0 时的缓蚀效率 $\eta$ 分别为 0、−0.11、−2.82、−0.72。缓蚀效率 $\eta$ 越大，缓蚀剂的缓蚀性能越好。计算出来的缓蚀效率 $\eta$ 为负，说明

$OH^-$是铁闪锌矿的腐蚀剂而不是缓蚀剂，在pH值为6.86 ~ 10.1之间，缓蚀效率$\eta$变得更负，说明在这个区域内铁闪锌矿的腐蚀作用随着pH值增大而增强。

根据式（4-78）可知，阳极斜率等于$2.303RT/(n\beta F)$，阳极斜率增大，就意味着电子传递系数$n\beta$减小。在pH值为10.1时，阳极斜率相当大，阳极反应形成氢氧化物沉淀（$Fe(OH)_3$、$Zn(OH)_2$）沉积在电极表面，严重地阻碍了阳极反应（电子交换）。而pH值为11.0时，电极表面沉积物出现溶解现象，如：$Zn(OH)_2 + 2OH^- \rightarrow Zn(OH)_4^{2-}$，$SO_4^{2-}$ 的生成，使得pH值为11.0时的阳极斜率又与pH值为7.0时的阳极斜率差不多。

根据式（4-77）可知，阴极斜率等于$-2.303RT/(n\alpha F)$，阴极斜率的绝对值稍稍减小，即$n\alpha$稍稍增大。在弱碱性条件下矿物表面的羟基化稍微有利于阴极反应的电子交换和传递。整体而言，在pH值为9.18和pH值为11.0之间，阴极斜率变化不大，阴极反应的电子交换和传递受羟基化的影响不大。

铁闪锌矿电极的阴、阳极作用系数的变化，正是表面氧化产物$Fe^{2+}$、$Zn^{2+}$羟基化水解沉积作用的结果。

#### 4.2.4.2 铁闪锌矿表面氧化的伏安行为

图4-14是铁闪锌矿在pH值分别为4.0、6.86、9.18的缓冲溶液中的循环伏安图。铁闪锌矿属于闪锌矿的类质同象（$Fe^{2+}$部分取代Zn-S晶格中的$Zn^{2+}$），没有相对严格的热力学数据可供使用，所以无法准确地进行热力学反应与实际电化学反应的比较。下面根据Eh-pH曲线以及简单硫化矿物的电化学实验现象进行初步分析，两个阳极峰（$ap_1$，$ap_2$）分别对应着铁闪锌矿氧化成硫（$S^0$）和硫酸根离子（$SO_4^{2-}$）的反应。不过，由于pH值不同，三个图存在差异。

pH值为4时，图中$SO_4^{2-}$ 峰（$ap_2$）因溶液中存在大量的$SO_4^{2-}$而受抑制，并在阴极存在硫的还原峰（$cp_1$）。

pH值为9.18时，图中约0.17V处出现了另一个峰（$ap_3$），实验过程中从第二次循环起变得十分明显，继续循环基本不变。故在pH值为9.18进行多次循环时，铁闪锌矿表面化呈现出FeS和ZnS两种矿物的特征。

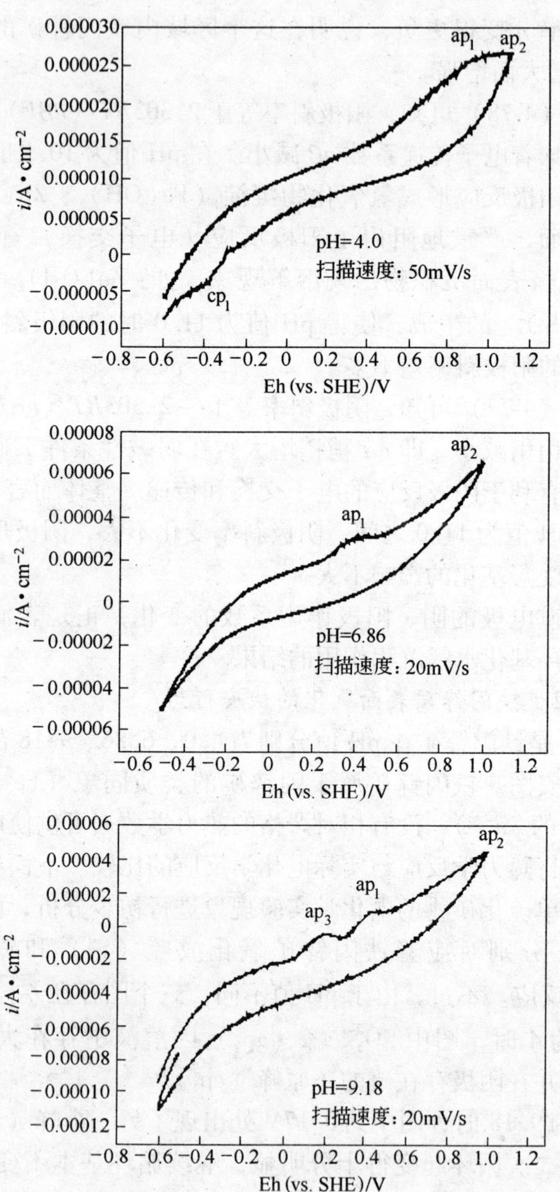


图 4-14　铁闪锌矿电极在不同 pH 值条件下的循环伏安扫描曲线

各阳极峰的腐蚀电流密度有差别。pH 值为 9.18 时的 $ap_2$ 峰的腐蚀电流密度比 pH 值为 6.86 时的 $ap_2$ 峰的腐蚀电流密度减少了，这是由于 $Zn(OH)_2$ 与 $Fe(OH)_3$ 沉积在电极表面，抑制了铁闪锌矿的腐蚀。但实际的 $ap_2$ 峰并没有呈现钝化峰形，说明这些沉淀只是部分覆盖了电极表面，电极过程仍然由电化学反应控制。

4.2.4.3 铁闪锌矿表面氧化的机理

根据前面对 Tafel 曲线和循环伏安曲线的研究，铁闪锌矿氧化腐蚀机理为：

(1) 铁离子脱离晶格进入溶液，留下晶格空穴。

(2) 在酸性条件下，铁闪锌矿表面形成缺金属富硫层 ($Zn_{1-x}Fe_{x-y}S_{1-y}\cdot yS^0_{(lattice)}$)，并继续氧化为 $Fe^{2+}$、$Zn^{2+}$、$SO_4^{2-}$。

$$Zn_xFe_{1-x}S \longrightarrow Zn_{1-x}Fe_{x-y}S_{1-y}\cdot yS^0_{(lattice)} + yFe^{2+} + 2ye^- \quad (4\text{-}82)$$

$$Zn_{1-x}Fe_{x-y}S_{1-y}\cdot yS^0_{(lattice)} + 4H_2O = (1-x)Zn^{2+} + (x-y)Fe^{2+} + SO_4^{2-} + (8-2y)e^- + 8H^+ \quad (4\text{-}83)$$

(3) 在近中性、弱碱性条件下，铁闪锌矿表面形成羟基化富硫中间态 ($Zn_xFe_{1-x}(OH)_nS_2$)，并继续氧化为 $Fe(OH)_3$、$Zn(OH)_2$、$SO_4^{2-}$。随着碱性增强，这个中间态的稳定性越差，pH > 10 后，将直接氧化为 $Fe(OH)_3$、$Zn(OH)_2$、$SO_4^{2-}$，pH > 11 时，形成 $Zn(OH)_4^{2-}$。$Fe(OH)_3$、$Zn(OH)_2$ 只能部分附着在矿物电极表面，电极过程由腐蚀氧化的电化学反应控制。

$$Zn_xFe_{1-x}S_2 + nH_2O + nh^+ \longrightarrow Zn_xFe_{1-x}(OH)_nS_2 + nH^+ \quad (4\text{-}84)$$

$$Zn_xFe_{1-x}(OH)_nS_2 \longrightarrow (1-x)Fe(OH)_3 + xZn(OH)_2 + 2SO_4^{2-} + (15-x)e^- \quad (4\text{-}85)$$

## 4.3 本章小结

(1) 根据硫化矿物表面氧化的 Eh-pH 图，可以预测这几种硫化矿物在不同 pH 值条件下无捕收剂浮选的电位区间。

(2) 硫化矿物表面的阳极氧化决定了其表面的疏水和亲水程度。通过对方铅矿、闪锌矿、磁黄铁矿和铁闪锌矿在水体系及调整剂体系的多种氧化-还原热力学分析和电化学测试，补充和完善了硫化矿浮选电化学理论。

（3）方铅矿在高碱条件下浮选较好，由于元素硫的疏水贡献，有利于增大方铅矿的疏水可浮性和降低捕收剂的用量。

（4）在高碱条件下，闪锌矿和磁黄铁矿表面元素硫均被氧化为$SO_4^{2-}$，矿物自身严重氧化，有利于优先浮选方铅矿时，实现闪锌矿和磁黄铁矿的自身氧化抑制，可以降低抑制剂的用量。

（5）在酸性条件下，铁闪锌矿表面形成缺金属富硫的中间态$Zn_xFe_{1-x-y}S_2$，随着电位升高，继续氧化为$Fe^{2+}$、$Zn^{2+}$、$SO_4^{2-}$；在近中性、弱碱性条件下，铁闪锌矿表面形成羟基化富硫层中间态（$Zn_xFe_{1-x}(OH)_nS_2$），并继续氧化为$Fe(OH)_3$、$Zn(OH)_2$、$SO_4^{2-}$。随着碱性增强，这个中间态的稳定性越差，$pH>10$后，将直接氧化为$Fe(OH)_3$、$Zn(OH)_2$、$SO_4^{2-}$，$pH>11$时，形成$Zn(OH)_4^{2-}$。$Fe(OH)_3$、$Zn(OH)_2$只能部分附着在矿物电极表面，电极过程由腐蚀氧化的电化学反应控制。

# 第5章　难选铅锌硫化矿物-捕收剂相互作用的电化学机理

## 5.1　捕收剂-水体系的热力学

在硫化矿浮选中，最常用的捕收剂有乙基黄药（KEX）、丁基黄药（KBX）、乙硫氮（DDTC）及黑药（由于缺少丁铵黑药必要的热力学数据，本书仅讨论乙基黑药 DTP）几种。按照捕收剂在硫化矿物表面作用的机理，生成的捕收剂膜有两种：一种是捕收剂金属盐，另一种是捕收剂二聚物。本书首先给出几种常用捕收剂在水溶液中各组分（捕收剂分子、捕收剂离子、捕收剂二聚物）与电位和 pH 值的关系。

丁基黄药：

$$2BX^- \Longrightarrow (BX)_2 + 2e^-$$

$$E^{\ominus} = -0.128V \tag{5-1}$$

$$HBX \Longrightarrow H^+ + BX^-$$

$$Ka = 7.9 \times 10^{-6} \tag{5-2}$$

$$2HBX \Longrightarrow 2H^+ + (BX)_2 + 2e^-$$

$$E^{\ominus} = 0.236V \tag{5-3}$$

乙基黄药：

$$2EX^- \Longrightarrow (EX)_2 + 2e^-$$

$$E^{\ominus} = -0.06V \tag{5-4}$$

$$HEX \Longrightarrow H^+ + EX^-$$

$$Ka = 10^{-5} \tag{5-5}$$

$$2HEX \Longrightarrow 2H^+ + (EX)_2 + 2e^-$$

$$E^{\ominus} = 0.236V \tag{5-6}$$

乙基黑药：

$$2DTP^- \xlongequal{} (DTP)_2 + 2e^-$$

$$E^\ominus = 0.252V \tag{5-7}$$

$$HDTP \xlongequal{} H^+ + DTP^-$$

$$Ka = 2.3 \times 10^{-5} \tag{5-8}$$

$$2HDTP \xlongequal{} 2H^+ + (DTP)_2 + 2e^-$$

$$E^\ominus = 0.526V \tag{5-9}$$

乙硫氮：

$$D^- \xlongequal{} D_2 + 2e^-$$

$$E^\ominus = -0.015V \tag{5-10}$$

$$HD \xlongequal{} H^+ + D^-$$

$$Ka = 10^{-5.6} \tag{5-11}$$

$$2HD \xlongequal{} 2H^+ + D_2 + 2e^-$$

$$E^\ominus = 0.316V \tag{5-12}$$

### 5.1.1 铅锌铁硫化矿表面的捕收剂产物

根据混合电位模型，硫化矿表面的捕收剂产物可以通过硫化矿矿物电极静电位与捕收剂氧化为捕收剂二聚物的可逆电位的高低来确定。当静电位小于可逆电位时，表面产物为捕收剂金属盐；当静电位大于可逆电位时，表面产物为捕收剂二聚物。以往的研究认为，方铅矿和捕收剂作用的产物为捕收剂金属盐，磁黄铁矿的表面产物为捕收剂二聚物，闪锌矿表面则捕收剂金属盐和二聚物兼而有之。表 5-1 中引用了在捕收剂溶液中方铅矿和磁黄铁矿电极的静电位以及捕收剂氧化为二聚物的可逆电位。

**表 5-1 方铅矿、磁黄铁矿电极静电位及捕收剂氧化为二聚物的可逆电位 $E^r$**

| 捕收剂 | $E^r$(vs. SHE)/V | 方铅矿 Eh(vs. SHE)/V | 磁黄铁矿 Eh(vs. SHE)/V |
|---|---|---|---|
| KEX | 0.188 | 0.08 | 0.295 |
| KBX | 0.107 | 0.04 | 0.30 |
| DDTC | 0.168 | 0.09 | 0.32 |
| DTP | 0.340 | 0.13 | 0.48 |

注：pH 值为 6.86，捕收剂浓度为 $10^{-4}$mol/L。

由此可见，图 5-1 中实测的在乙硫氮水溶液中方铅矿电极的静电位证明了乙硫氮在方铅矿表面作用产物为 $PbD_2$，而不是二聚物 $D_2$。图中横坐标为捕收剂浓度负对数值。

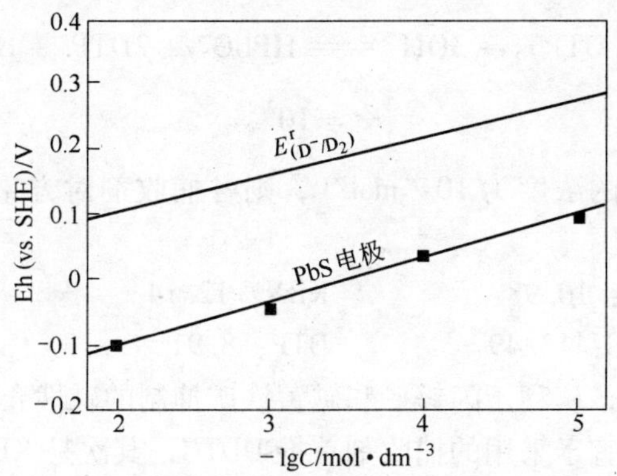


图 5-1 在乙硫氮水溶液中方铅矿电极静电位

## 5.1.2 铅锌铁硫化矿浮选的热力学条件

对于硫化矿优先浮选体系，其特点是硫化矿原始表面没有与浮选药剂发生作用，加入捕收剂后，在矿物表面形成捕收剂膜而疏水可浮，通过热力学数据计算相应捕收剂膜的生成条件，就可预测硫化矿浮选与分离的条件（Eh 与 pH 值）。本节就以硫化矿-捕收剂-水体系 Eh-pH 图为手段，就铅锌铁硫化矿电位调控浮选体系进行捕收剂选择，并确定电位调控浮选分离的热力学条件。

### 5.1.2.1 方铅矿的优先浮选

方铅矿和捕收剂作用的疏水产物为捕收剂金属盐，绘制 Eh-pH 图时考虑方铅矿和捕收剂生成捕收剂金属盐的热力学条件。首先讨论各种捕收剂对方铅矿浮选的 pH 值上限，由下列反应决定：

$$Pb(EX)_2 + 3OH^- \rightleftharpoons HPbO_2^- + 2EX^- + H_2O$$

$$K = 10^{-2.94} \qquad (5\text{-}13)$$

$$Pb(BX)_2 + 3OH^- \rightleftharpoons HPbO_2^- + 2BX^- + H_2O$$

$$K = 10^{-6.42} \tag{5-14}$$

$$Pb(DDTC)_2 + 3OH^- \longrightarrow HPbO_2^- + 2DDTC^- + H_2O$$

$$K = 10^{-10.47} \tag{5-15}$$

$$Pb(DTP)_2 + 3OH^- \longrightarrow HPbO_2^- + 2DTP^- + H_2O$$

$$K = 10^{3.27} \tag{5-16}$$

取各离子的浓度为 $10^{-4}$ mol/L，则各捕收剂对方铅矿浮选的 pH 值上限如下：

KEX：10.98　　　KBX：12.14

DDTC：13.49　　　DTP：8.91

由此可见，从利于闪锌矿和磁黄铁矿抑制的碱性介质而言，对方铅矿优先浮选宜于采用的捕收剂首推 DDTC，其次是 KBX。

DDTC 和 KBX 与方铅矿作用的产物分别为 $Pb(DDTC)_2$（简写为 $PbD_2$）、$Pb(BX)_2$，它们对方铅矿浮选的电位上限取决于产物的分解反应：

$$PbD_2 + 2H_2O \longrightarrow HPbO_2^- + D_2 + 3H^+ + 2e^-$$

$$E^\ominus = 1.435V \tag{5-17}$$

$$PbD_2 + 2H_2O \longrightarrow Pb(OH)_2 + D_2 + 2H^+ + 2e^-$$

$$E^\ominus = 1.011V \tag{5-18}$$

$$Pb(BX)_2 + 2H_2O \longrightarrow HPbO_2^- + (BX)_2 + 3H^+ + 2e^-$$

$$E^\ominus = 1.232V \tag{5-19}$$

$$Pb(BX)_2 + 2H_2O \longrightarrow Pb(OH)_2 + (BX)_2 + 2H^+ + 2e^-$$

$$E^\ominus = 0.807V \tag{5-20}$$

结合下述方程绘出方铅矿-乙硫氮-水体系和方铅矿-丁黄药-水体系（部分）Eh-pH 图（可溶物浓度取 $10^{-4}$ mol/L，其中虚线部分表示的 DDTC 浓度为 $10^{-3}$ mol/L）。

$$PbS + 2D^- \longrightarrow PbD_2 + S + 2e^-$$

$$E^\ominus = -0.301V \tag{5-21}$$

$$2PbS + 4D^- + 3H_2O \xlongequal{} 2PbD_2 + S_2O_3^- + 6H^+ + 8e^-$$

$$E^{\ominus} = 0.082V \tag{5-22}$$

$$PbS + 2X^- \xlongequal{} PbX_2 + S + 2e^-$$

$$E^{\ominus} = -0.178V \tag{5-23}$$

$$2PbS + 4X^- + 3H_2O \xlongequal{} 2PbX_2 + S_2O_3^- + 6H^+ + 8e^-$$

$$E^{\ominus} = 0.322V \tag{5-24}$$

$$Pb(OH)_2 \xlongequal{} HPbO_2^- + H^+$$

$$pH = 10.36 \tag{5-25}$$

$$2X^- \xlongequal{} X_2 + 2e^-$$

$$E^{\ominus} = -0.128V \tag{5-26}$$

由图 5-2 可看出，丁黄药和乙硫氮相比，不仅浮选 pH 值上限较低，而且浮选电位上限也较低。可见，乙硫氮对方铅矿的捕收能力比丁黄药要强。下面详细讨论用乙硫氮浮选方铅矿的热力学条件。

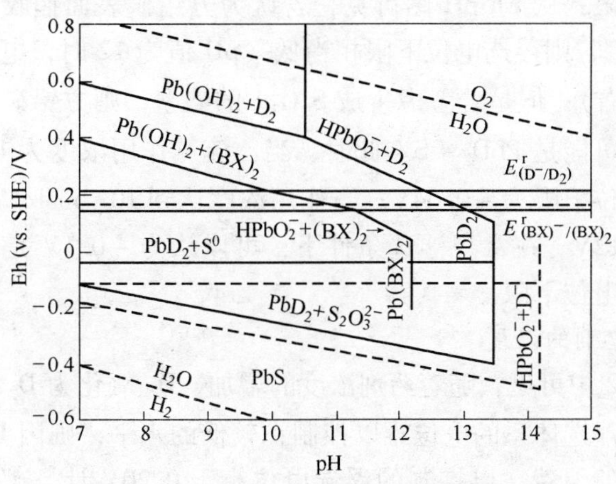


图 5-2 方铅矿-捕收剂-水体系 Eh-pH 图

## A 浮选 pH 值

用乙硫氮浮选方铅矿可以在较高 pH 值条件下进行。当乙硫氮作

用浓度为 $10^{-4}$ mol/L 时，pH 值上限为 13.6；当作用浓度为 $10^{-3}$ mol/L时，理论 pH 值上限为 14.15。

B　浮选电位

电位上限：乙硫氮浮选方铅矿的电位上限取决于 $PbD_2$ 的分解，分解的方式有两种，pH < 10.3 时，分解产物为 $Pb(OH)_2 + D_2$；pH > 10.3 时，分解产物为 $HPbO_2^- + D_2$。浮选上限随 pH 值增大而增大，但不随药剂浓度的改变而改变，浮选电位上限较低。当 pH 值为 10.4 ~ 11.5 时，电位上限范围在 0.3 ~ 0.4V；当 pH 值为 11.5 ~ 12.4 时，电位上限范围为 0.2 ~ 0.3V；当 pH > 12.4 以后，用乙硫氮浮选方铅矿电位必须控制在 0.2V 以下。此外，图中虚线和实线表示的是 $D^-$ 氧化为 $D_2$ 的可逆电位，浮选方铅矿时起作用的是乙硫氮离子 $D^-$。为了防止 $D^-$ 氧化，浮选体系必须控制在较低电位。当乙硫氮作用浓度为 $10^{-4}$ mol/L 时，可逆电位为 0.22V，从这个意义上讲，用乙硫氮浮选方铅矿的电位上限为：pH < 12.4，电位上限 0.22V；pH > 12.5，电位上限 0.20V。

电位下限：从 Eh-pH 图可见，若认为方铅矿表面捕收剂产物为 $PbD_2 + S_2O_3^{2-}$，则浮选电位下限相当低（pH 值为 12 时，电位下限为 −0.30V 左右）；但是若考虑生成 $S_2O_3^{2-}$ 的势垒，则方铅矿表面的捕收剂产物很可能是 $PbD_2 + S$。此时，当乙硫氮作用浓度为 $10^{-4}$ mol/L 时，浮选电位下限为 −0.04V；当作用浓度达到 $10^{-3}$ mol/L 时，电位下限为 −0.12V。在常规浮选条件下，可以认为 −0.1V 是乙硫氮浮选方铅矿的电位下限。

C　捕收剂的浓度

从图 5-2 中可见，随着药剂浓度的增加，$D^-$ 氧化为 $D_2$ 的可逆电位降低，若浮选体系的电位难以控制在较低的水平，则因 $D^-$ 的氧化将造成药剂的浪费。以控制的浮选电位小于 0.20V 计，矿浆中能够起作用的乙硫氮浓度（有效浓度）为 $10^{-3.6}$ mol/L，即 $2.5 \times 10^{-4}$ mol/L，考虑乙硫氮对方铅矿较强的捕收作用，实际的乙硫氮用量还可能低于此数值。

5.1.2.2　闪锌矿的抑制与浮选

在用乙硫氮优先浮选方铅矿时，如何避免闪锌矿的疏水上浮，是铅锌硫化矿优先浮选的关键。捕收剂在闪锌矿表面的作用产物可能同时存在捕收剂金属盐和二聚物，现分别予以讨论。

假设乙硫氮在闪锌矿表面的作用产物为 $ZnD_2$（二乙基二硫代氨基甲酸锌），首先根据化学原理确定乙硫氮浮选闪锌矿的 pH 值上限（临界 pH 值）。

前述闪锌矿氧化的热力学分析表明，对闪锌矿浮选起抑制作用的主要组分是 $Zn(OH)_2$，在溶液中存在两个涉及到浮选和抑制的反应：

$$Zn^{2+} + 2D^- \Longrightarrow ZnD_2$$

$$L_{sZnD_2} = 10^{-16.07} \tag{5-27}$$

$$Zn^{2+} + 2OH^- \Longrightarrow Zn(OH)_2$$

$$K_{spZn(OH)_2} = 10^{-16.2} \tag{5-28}$$

$$Pb^{2+} + 2D^- \Longrightarrow PbD_2$$

$$L_{sPbD_2} = 10^{-22.85} \tag{5-29}$$

$$Pb^{2+} + 2OH^- \Longrightarrow Pb(OH)_2$$

$$K_{spPb(OH)_2} = 10^{-15.2} \tag{5-30}$$

当乙硫氮浓度为 $1.0 \times 10^{-4}$ mol/L 时，绘出 $Zn^{2+}$、$Pb^{2+}$ 与乙硫氮作用的化学吸附双对数图，如图 5-3 所示。

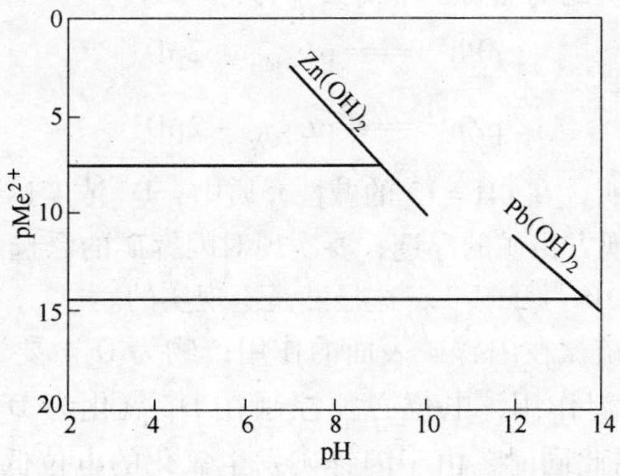


图 5-3　乙硫氮与 $Pb^{2+}$、$Zn^{2+}$ 作用化学吸附双对数图

由图5-3可见，$Pb^{2+}$和乙硫氮作用所需要的浓度比$Zn^{2+}$要低；生成$PbD_2$的pH值上限为13.5（与前述分析的结果一致），生成$ZnD_2$的pH值上限为9.5，因此用乙硫氮浮选闪锌矿，临界pH值为9.5（[DDTC] = $10^{-4}$mol/L）。

由于硫化矿浮选的临界pH值随捕收剂浓度的升高而升高，在利于方铅矿浮选的pH值（例如pH值 = 13）时，究竟乙硫氮要达到多高的浓度才能实现乙硫氮对闪锌矿的浮选？

图5-4是$Zn^{2+}$和$Pb^{2+}$与$D^-$浓度之间的$pMe^{2+}$-$pD^-$图。

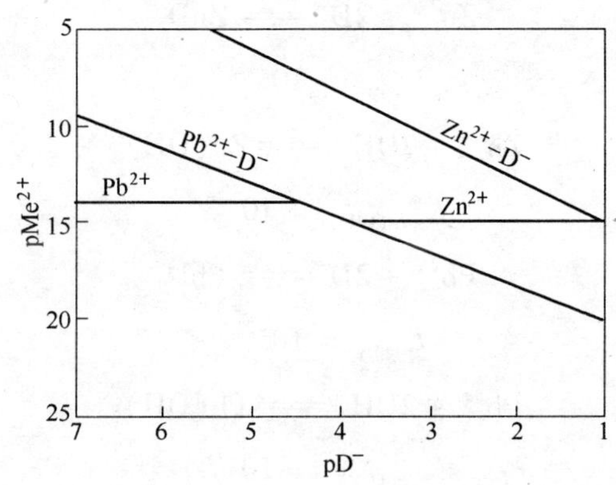


图5-4　金属离子和药剂离子浓度双对数图

图5-4涉及到的热力学平衡关系为：

$$pPb^{2+} = pL_{sPbD_2} - 2pD^- \qquad (5\text{-}31)$$

$$pZn^{2+} = pL_{sZnD_2} - 2pD^- \qquad (5\text{-}32)$$

图5-4表明，在pH = 13的碱性介质中，$D^-$浓度达到$10^{-4.72}$mol/L左右即可实现方铅矿的浮选；要实现对闪锌矿的浮选，乙硫氮的理论用量应达到$10^{-0.75}$mol/L，这显然是不现实的。

再假设乙硫氮在闪锌矿表面的作用产物为$D_2$。要达到乙硫氮对闪锌矿的捕收剂作用，电位必须控制在$D^-$氧化为$D_2$的可逆电位$E^r_{D^-/D_2}$之上。与此同时，由于闪锌矿发生氧化的电位低于$E^r_{D^-/D_2}$，在捕收剂二聚物生成的同时，闪锌矿还会发生氧化生成表面亲水物质。

闪锌矿能否浮选，一方面取决于捕收剂二聚物能否形成，形成之后能否在表面吸附，另一方面还取决于二聚物产生的疏水性与表面氧化产物亲水性的相对大小。此时，按电化学原理浮选临界 pH 值如下：

$$ZnS + 6H_2O = Zn(OH)_2 + SO_4^{2-} + 10H^+ + 8e^-$$
$$E^{\ominus} = 0.425V \tag{5-33}$$

假定 $[SO_4^{2-}] = 10^{-4}mol/L$，并考虑 $SO_4^{2-}$ 生成时 0.75V 的过电位，则：

$$Eh = 1.145 - 0.0738pH \tag{5-34}$$

DDTC 浓度为 $10^{-4}mol/L$ 时，$E^{r}_{D^-/D_2} = 0.22V$，当电位低于 0.22V 时，上述反应优先发生，闪锌矿受抑制。因此得闪锌矿的浮选临界 pH 值为 12.5。

综上所述，在高碱性介质（$pH > 12.5$）中控制在较低的电位（$Eh < 0.20V$）下用乙硫氮优先浮选方铅矿，闪锌矿将处于抑制状态。

#### 5.1.2.3 闪锌矿的活化浮选

被 $CuSO_4$ 活化的闪锌矿表面处于 $Cu_2S$ 和 CuS 共存的状态，取表面活化组分为 $Cu_2S$ 加以分析。

用黄药（KEX、KBX）或者黑药（DTP）浮选经 $CuSO_4$ 活化的闪锌矿，体系中发生的反应有：

丁基黄药（KBX）：

$$2Cu_2S + 4BX^- + 3H_2O = 4CuBX + S_2O_3^{2-} + 6H^+ + 8e^-$$
$$E^{\ominus} = 0.145V \tag{5-35}$$

$$2CuBX + CO_3^{2-} + 2H_2O = Cu_2(OH)_2CO_3 + (BX)_2 + 2H^+ + 4e^-$$
$$E^{\ominus} = 0.613V \tag{5-36}$$

$$2CuEX + 4H_2O = 2Cu(OH)_2 + (BX)_2 + 4H^+ + 4e^-$$
$$E^{\ominus} = 0.971V \tag{5-37}$$

$$CuBX + 4OH^- = CuO^{2-} + BX^- + 2H_2O$$
$$K = 1.78 \times 10^{-3} \tag{5-38}$$

乙基黄药（KEX）：

$$Cu_2S + 2EX^- + 4H_2O \longrightarrow 2CuEX + SO_4^{2-} + 8H^+ + 8e^-$$

$$E^\ominus = 0.225V \quad (5\text{-}39)$$

$$2CuEX + CO_3^{2-} + 2H_2O \longrightarrow Cu_2(OH)_2CO_3 + (EX)_2 + 2H^+ + 4e^-$$

$$E^\ominus = 0.598V \quad (5\text{-}40)$$

$$2CuEX + 4H_2O \longrightarrow 2Cu(OH)_2 + (EX)_2 + 4H^+ + 4e^-$$

$$E^\ominus = 0.955V \quad (5\text{-}41)$$

$$2Cu_2S + 11H_2O \longrightarrow 4CuO_2^{2-} + S_2O_3^{2-} + 22H^+ + 12e^-$$

$$E^\ominus = 1.250V \quad (5\text{-}42)$$

$$Cu(OH)_2 \longrightarrow CuO_2^{2-} + 2H^+$$

$$K = 1.57 \times 10^{-31} \quad (5\text{-}43)$$

$$CuEX + 4OH^- \longrightarrow CuO_2^{2-} + EX^- + 2H_2O$$

$$K = 3.98 \times 10^{-3} \quad (5\text{-}44)$$

乙基黑药（DTP）：

$$Cu_2S + 2DTP^- + 4H_2O \longrightarrow 2CuDTP + SO_4^{2-} + 8H^+ + 8e^-$$

$$E^\ominus = 0.279V \quad (5\text{-}45)$$

$$Cu_2S + 4H_2O \longrightarrow 2Cu + SO_4^{2-} + 8H^+ + 6e^-$$

$$E^\ominus = 0.506V \quad (5\text{-}46)$$

$$Cu + DTP^- \longrightarrow CuDTP + e^-$$

$$E^\ominus = -0.416V \quad (5\text{-}47)$$

$$2Cu + H_2O \longrightarrow Cu_2O + 2H^+ + 2e^-$$

$$E^\ominus = 0.471V \quad (5\text{-}48)$$

$$2CuDTP + H_2O \longrightarrow Cu_2O + 2DTP^- + 2H^+$$

$$K = 2.51 \times 10^{-30} \quad (5\text{-}49)$$

$$Cu_2O + H_2O \longrightarrow 2CuO + 2H^+ + 2e^-$$

$$E^{\ominus} = 0.669\text{V} \tag{5-50}$$

$$CuDTP + H_2O = CuO + DTP^- + 2H^+ + e^-$$

$$E^{\ominus} = 1.556\text{V} \tag{5-51}$$

由上述方程绘出三体系的 Eh-pH 图（可溶物浓度取 $1.0 \times 10^{-4}$ mol/L），如图 5-5、图 5-6 所示。

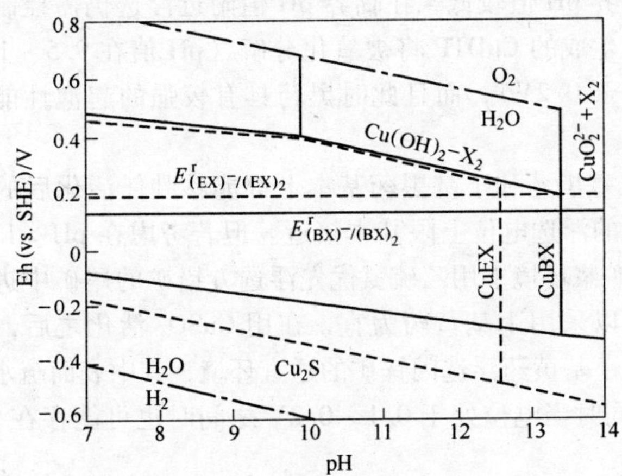


图 5-5 活化闪锌矿-黄药-水体系 Eh-pH 图

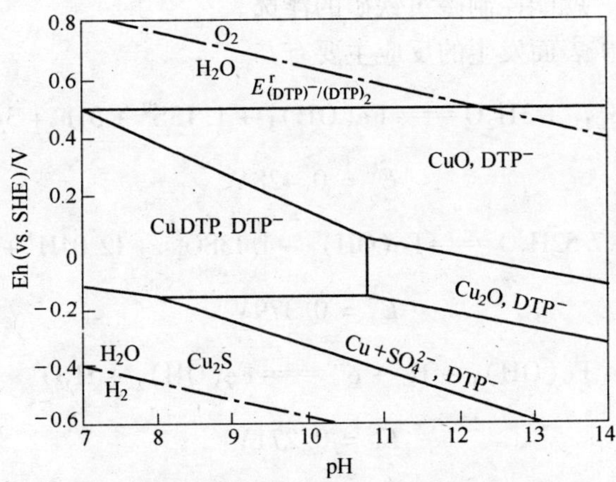


图 5-6 活化闪锌矿-黑药-水体系 Eh-pH 图

由图5-5、图5-6可看出：

（1）对于用 $CuSO_4$ 活化后的闪锌矿的浮选，采用乙基黄药、丁基黄药、乙基黑药（浓度 $10^{-4}$ mol/L）作为捕收剂，其浮选临界 pH 值分别为12.6、13.4和10.8。

（2）尽管乙基黑药氧化成双黑药的可逆电位较高，在矿浆中较易以离子形式存在，但不适宜用作活化后闪锌矿的捕收剂。其主要原因是浮选临界 pH 值较低，在临界 pH 值附近浮选仍需控制在较低的电位，否则生成的 CuDTP 将被氧化分解（pH 值在9.5～10.8之间，电位必须小于0.2V），而且此时黑药具有较强的起泡性能，易造成夹杂。

（3）乙基黑药和丁基黑药基本上都能够胜任活化后的闪锌矿的浮选，二者的浮选电位上限基本接近。但若考虑在 pH > 12.5，电位小于0.2V 矿浆环境下用乙硫氮优先浮选方铅矿的尾矿中进一步浮选闪锌矿，则以采用丁基黄药为宜，在用 $CuSO_4$ 活化之后，上述矿浆环境也正是丁基黄药浮选闪锌矿的适宜环境，其中表面疏水产物主要为 CuBX，同时当电位处于0.1～0.2V 之间时也可能存在 $(BX)_2$ 的疏水作用。

5.1.2.4　*磁黄铁矿的抑制与浮选*

磁黄铁矿和捕收剂作用的疏水产物为捕收剂二聚物，控制二聚物的生成条件，就能控制磁黄铁矿的浮选。

磁黄铁矿表面发生的反应主要有：

$$FeS_{1.13} + 3H_2O = Fe(OH)_3 + 1.13S^0 + 3H^+ + 3e^-$$

$$E^{\ominus} = 0.428V \tag{5-52}$$

$$FeS_{1.13} + 7.52H_2O = Fe(OH)_3 + 1.13SO_4^{2-} + 12.04H^+ + 9.78e^-$$

$$E^{\ominus} = 0.379V \tag{5-53}$$

$$Fe(OH)_3 + H^+ + e^- = Fe(OH)_2 + H_2O$$

$$E^{\ominus} = 0.271V \tag{5-54}$$

$$Eh = 0.271 - 0.059pH \tag{5-55}$$

$$2H^+ + S^0 + 2e^- = H_2S$$

$$E^{\ominus} = 0.141V \tag{5-56}$$

$$Eh = 0.141 - 0.059pH \tag{5-57}$$

$$H^+ + S^0 + 2e^- = HS^-$$

$$E^{\ominus} = -0.062V \tag{5-58}$$

$$Eh = -0.062 - 0.0295pH \tag{5-59}$$

式（5-53）为主要氧化反应，假定$[SO_4^{2-}] = 10^{-4}$mol/L，同时考虑$SO_4^{2-}$的生成势垒，则：

$$Eh = 0.879 - 0.075pH \tag{5-60}$$

可见，随 pH 值增高，Eh 值降低，容易进行磁黄铁矿的氧化反应。当该反应的电位小于捕收剂/二聚物电对的可逆电位时，则优先发生上述反应，磁黄铁矿自身氧化生成 $Fe(OH)_3$ 而受到抑制。

将捕收剂氧化成二聚物的可逆电位代入上式求得的磁黄铁矿浮选临界 pH 值分别为（捕收剂浓度 $1.0 \times 10^{-4}$mol/L）：

KEX：pH = 10.72；KBX：pH = 11.25；DDTC：pH = 10.13；DTP：pH = 6.56

由此可见，在上述方铅矿和闪锌矿顺序优先浮选的情况下，磁黄铁矿处于抑制状态。

对于磁黄铁矿的浮选，首先要利于二聚物的生成，因此浮选电位下限即为相应捕收剂氧化为二聚物的可逆电位，但是高电位会导致磁黄铁矿的自身氧化，因此磁黄铁矿应该采用中性的 pH 值范围，乙基黄药可以胜任，浮选电位控制在大于 $E^{r}_{(EX)^-/(EX)_2}$范围。

## 5.2 铅锌铁硫化矿物-捕收剂-水体系电化学测试

### 5.2.1 方铅矿-乙硫氮（DDTC）-水体系

图 5-7 中实线是方铅矿电极在有 DDTC 存在（$4 \times 10^{-5}$ mol/L）时，在不同 pH 值溶液中的循环伏安扫描曲线。

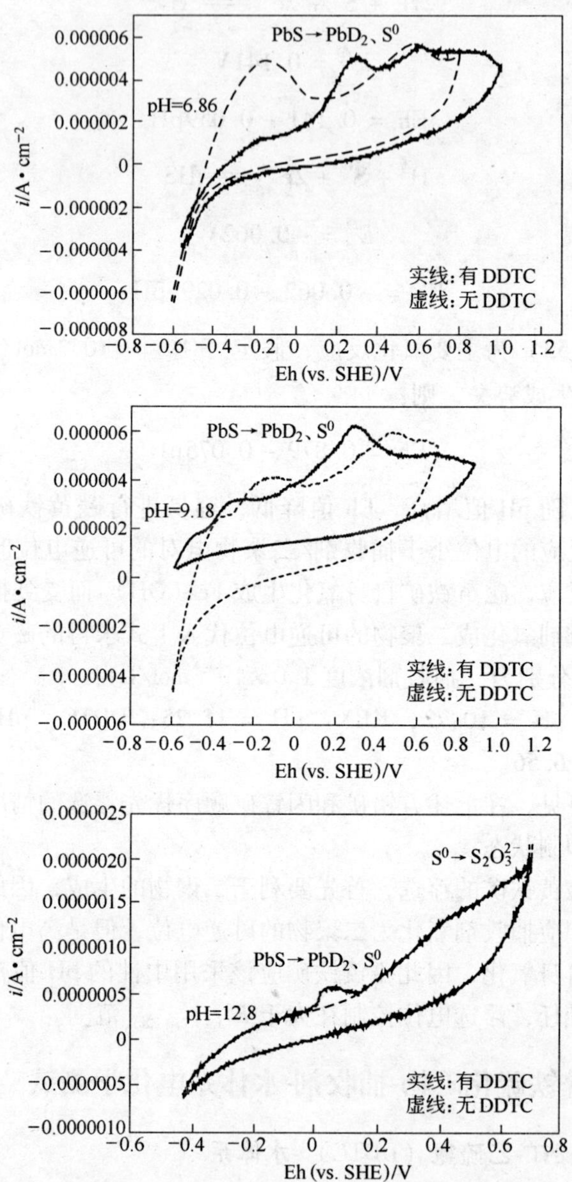


图5-7 方铅矿电极在有无 DDTC 时的循环伏安扫描曲线

由图 5-7 中可见：

（1）在不同的 pH 值条件下，阳极扫描段均在 0～0.25V 范围出现了一阳极峰，这其中意味着在有 DDTC 存在时电极表面将会发生一个与 pH 值无关的阳极反应：

$$PbS + 2D^- \longrightarrow PbD_2 + S + 2e^-$$

$$E^{\ominus} = -0.301V \tag{5-61}$$

该反应的热力学电位对应于［$D^-$］$=4\times10^{-5}$ mol/L 时，为 $-0.042$V，各 pH 值条件下的起始氧化电位与此相符。

（2）pH 值为 6.86 时，方铅矿的自身氧化（图中 0.6V 处的阳极峰）产物为 $Pb^{2+}$ 和元素硫，由于体系中 $PbD_2$ 的生成和方铅矿的氧化同时发生，$PbD_2$ 的生成反应还包括如下的子反应：

$$Pb^{2+} + 2D^- \longrightarrow PbD_2 \tag{5-62}$$

由此可见，因自身氧化而形成的元素硫则可能是表面疏水作用的有效成分之一。

（3）pH 值为 9.18 时，在图示扫描电位上限情况下，方铅矿的自身氧化产物为 PbO 和 $S_2O_3^{2-}$，由于 PbO 大多停留在电极表面，因下述反应而形成的 $PbD_2$ 将对表面疏水产生积极作用：

$$PbO + 2D^- + 2H^+ \longrightarrow PbD_2 + H_2O \tag{5-63}$$

就电极表面来说，此时含铅组分 $PbD_2$ 的量将超过因反应（5-61）而形成的元素硫的量。

（4）在 pH 值为 12.8 的高碱介质中，扫描电位上限较低的上部分伏安曲线中，方铅矿和 DDTC 作用形成 $PbD_2$ 的阳极峰与方铅矿的自身氧化峰几乎重合，此时方铅矿的自身氧化产物为 $HPbO_2^-$ 和元素硫，形成 $PbD_2$ 的子反应为：

$$HPbO_2^- + 2D^- + 3H^+ \longrightarrow PbD_2 + 2H_2O \tag{5-64}$$

随着正向扫描的进行，$PbD_2$ 形成的阳极峰与方铅矿的自身氧化峰分离，由于方铅矿的氧化产物为 $S_2O_3^{2-}$，$PbD_2$ 的形成可能按式(5-65)进行：

$$2PbS + 3H_2O + 4D^- \longrightarrow 2PbD_2 + S_2O_3^{2-} + 6H^+ + 8e^-$$

$$E^{\ominus} = 0.082V \tag{5-65}$$

即表明高碱介质中高电位下方铅矿表面将不会形成元素硫。

### 5.2.2　闪锌矿在高碱介质中与捕收剂的作用

闪锌矿复合电极在 pH 值为 12.8 高碱介质中，加入 DDTC 或 KBX 后的循环伏安曲线如图 5-8 所示。

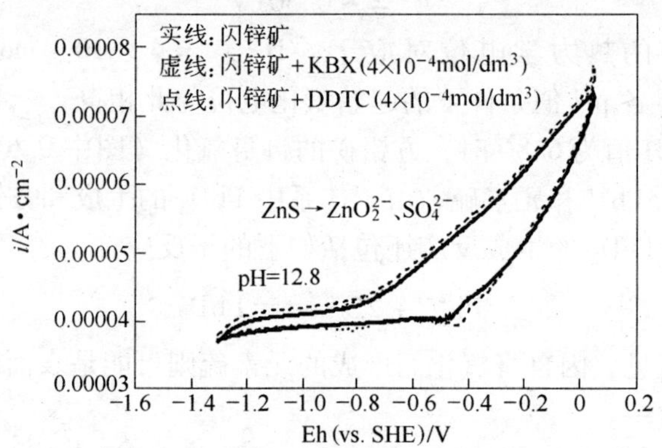


图 5-8　闪锌矿复合电极在 pH 值为 12.8 且有捕收剂存在时的循环伏安曲线

图 5-8 表明，在高碱介质、0.2V 扫描电位上限情况下，捕收剂的加入并未改变闪锌矿循环伏安曲线的形状，说明矿物自身的严重氧化阻碍了捕收剂在矿物表面的吸附。

通过以上这些测试结果，可以验证在该 pH 值条件下用乙硫氮作捕收剂，可以达到抑锌浮铅的效果。

图 5-9 是在 pH 值为 12.8 高碱介质中，预先加入 $10^{-4}$ mol/L $CuSO_4$对闪锌矿进行活化，然后加入 $4\times10^{-4}$mol/L KBX 后测得的闪锌矿循环伏安扫描曲线（扫描电位上限 0.2V）。

从图 5-9 中可看出，加入 $CuSO_4$ 和 KBX 后的循环伏安曲线在 0.1V 左右出现明显阳极电流，对应于 KBX 对活化的闪锌矿的捕收反应，其中存在约 0.5V 的过电位：

$$2Cu_2S + 3H_2O + 4BX^- \longrightarrow 4CuBX + S_2O_3^{2-} + 6H^+ + 8e^-$$

$$E^{\ominus} = 0.145V \tag{5-66}$$

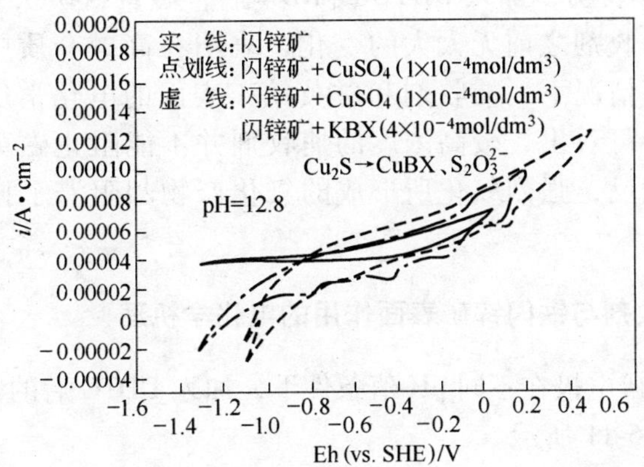


图 5-9 经 $CuSO_4$ 活化后的闪锌矿在 pH 值为 12.8 且有丁黄药存在时的循环伏安曲线（298K，0.1mol/L $Na_2SO_4$，扫描速度 20mV/s）

该结果表明，闪锌矿表面的活化组分使得闪锌矿在 pH 值为 12.8，电位小于 0.2V 情况下可以用黄药浮选。

### 5.2.3 磁黄铁矿在高碱介质中对捕收剂的响应

磁黄铁矿电极在 pH 值为 12.8 的高碱介质中，加入 DDTC 或 KBX 后的循环伏安曲线如图 5-10 所示。

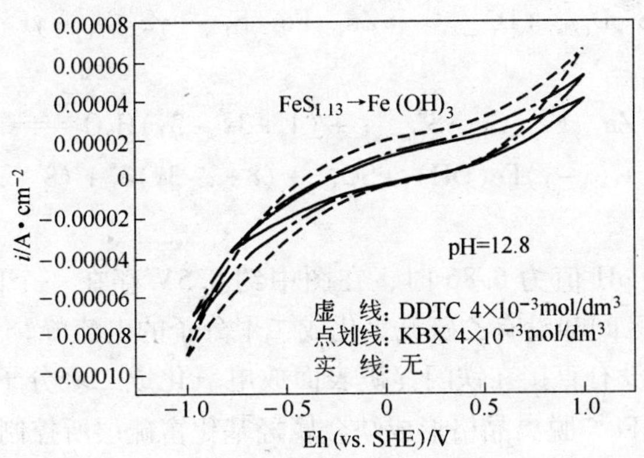


图 5-10 磁黄铁矿电极在 pH 值为 12.8 溶液中有无捕收剂存在时循环伏安扫描曲线

图5-10表明，加入DDTC或KBX后，磁黄铁矿伏安曲线的形状与加入捕收剂之前无太大的变化，表明在高碱介质中，图示扫描电位上限情况下，捕收剂和磁黄铁矿表面的电化学反应不能发生；从图中可看出，较高浓度的捕收剂并不能阻止磁黄铁矿的自身氧化，相反，强烈氧化所形成的氧化产物却阻滞了捕收剂二聚物的生成。

### 5.2.4 捕收剂与铁闪锌矿表面作用的电化学机理

铁闪锌矿电极在不同pH值条件下，加入DDTC后的循环伏安扫描曲线如图5-11所示。

由图5-11可见：

（1）当pH值为4.0时，随着正向扫描的进行，出现了三个阳极峰。0.1~0.2V间的阳极峰$ap_1$是乙硫氮氧化成$D_2$的峰。这与混合电位模型是一致的。Eh>0.3V后，$D_2$不能有效地附着在矿物表面，电极过程由铁闪锌矿自腐蚀电化学反应控制，在0.3mV左右形成了元素硫，更高电位下形成了$SO_4^{2-}$。这三个阳极峰对应的电化学反应如下：

$$Zn_{1-x}Fe_xSOH_2^+ + D^-_{(aq)} = Zn_{1-x}Fe_xS - D_{(ads)} + H_2O \quad (5\text{-}67)$$

$$Zn_{1-x}Fe_xS - D_{(ads)} + D^-_{(aq)} - 2e^- = Zn_{1-x}Fe_xSD_{2(ads)} \quad (5\text{-}68)$$

$$Zn_xFe_{1-x}S - D_{(ads)} + D^-_{(aq)} \longrightarrow Zn_{1-x}Fe_{x-y}S_{1-y} \cdot yS^0_{(lattice)} + yFeD_2 + 2ye^- \quad (5\text{-}69)$$

$$Zn_{1-x}Fe_{x-y}S_{1-y}yS^0_{(lattice)} + (4+3x-3y)H_2O = (1-x)Zn^{2+} + (x-y)Fe(OH)_3 + SO_4^{2-} + (8+x-3y)e^- + (8+3x-3y)H^+ \quad (5\text{-}70)$$

（2）当pH值为6.86时，在图中约0.5V存在一个阳极峰，在0.1~0.2V区间却没有乙硫氮氧化成二聚分子的电流峰，这就说明乙硫氮离子并没有直接在铁闪锌矿表面放电氧化成二聚分子，$ap_1$峰的电极过程由$Fe^{2+}$脱离晶格形成缺金属羟基化富硫层所控制。

$$Zn_xFe_{1-x}S(OH)_m - D^- + D^-\text{(aq)} + h^+\text{（空穴）} \longrightarrow Zn_xFe_{1-x}(OH)_mS_2 + D_2 \quad (5\text{-}71)$$

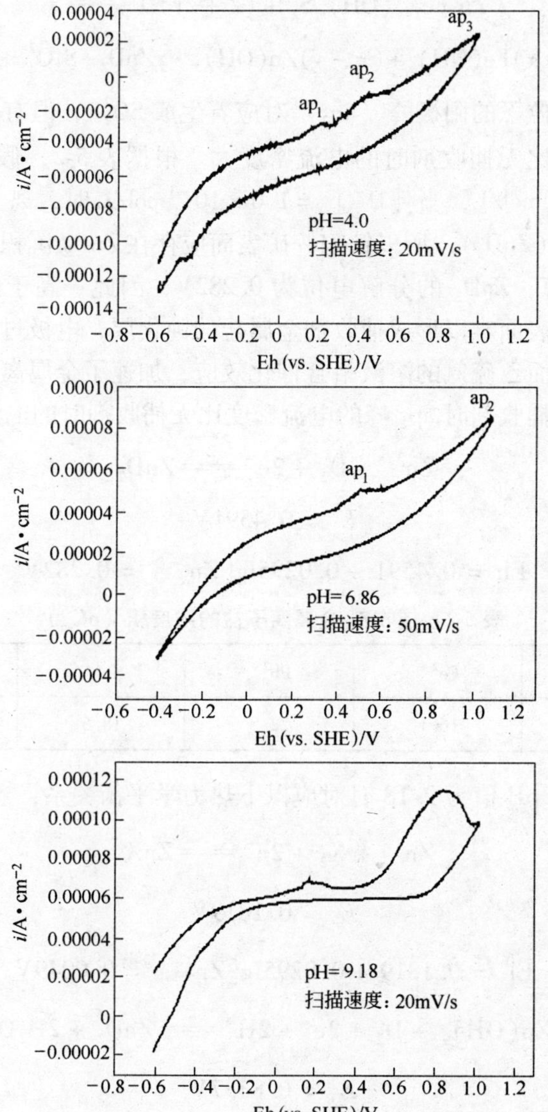


图 5-11 铁闪锌矿电极在 pH 值分别为 4.0、6.86、9.18 的缓冲溶液中的循环伏安图

（25℃，0.1mol/L $Na_2SO_4$，$10^{-3}$mol/L DDTC）

$$Zn_xFe_{1-x}(OH)_mS_2 + (2+2y)D^- \longrightarrow$$

$$(1-x)Fe(OH)_3 + (x-y)Zn(OH)_2 \cdot yZnD_2 + S_2O_3^{2-} + D_2 \quad (5\text{-}72)$$

更高电位下的阳极峰（$ap_2$）对应着生成 $SO_4^{2-}$，但有捕收剂时的电流密度却比无捕收剂时的电流密度大。根据表5-2，假定［$Zn^{2+}$］$=1.0\times10^{-6}$mol/L，当［$D^-$］$=1.0\times10^{-3}$mol/L时，离子积$[Zn^{2+}][D^-]^2 > K_{sp}(ZnD_2)$，所以铁闪锌矿表面应存在 $ZnD_2$ 沉积盐。但按式(5-73)计算，$ZnD_2$ 的分解电位为0.282V，因此，高于此电位，铁闪锌矿电极表面难以形成捕收剂金属盐的钝化层，电极过程由自氧化反应控制，而乙硫氮的溶液络合催化效应，加速了金属离子的表面迁移，使得有捕收剂时 $ap_2$ 峰的电流密度比无捕收剂时的电流密度大。

$$Zn^{2+} + D_2 + 2e^- = ZnD_2 \quad (5\text{-}73)$$

$$E^{\ominus} = 0.4591V$$

$$Eh = 0.4591 + 0.0295\lg[Zn^{2+}] = 0.282V$$

**表5-2 捕收剂-金属离子盐的浓度积（$pK_{sp}$）**

| 金属离子 | $Fe^{2+}$ | $Pb^{2+}$ | $Sb^{3+}$ | $Zn^{2+}$ |
|---|---|---|---|---|
| 乙硫氮 | 16.1 | 22.8 | 18.6 | 16.07 |

（3）当pH值为9.18时对应以下热力学平衡关系：

$$Zn^{2+} + X_2 + 2e^- = ZnX_2$$

$$E^{\ominus} = 0.1819V \quad (5\text{-}74)$$

$$Eh = 0.1819 + 0.0295\lg[Zn^{2+}] = 0.0049V$$

$$Zn(OH)_2 + D_2 + 2e^- + 2H^+ = ZnD_2 + 2H_2O$$

$$E^{\ominus} = 0.8337V \quad (5\text{-}75)$$

$$Eh = 0.8337 - 0.059pH = 0.2921V$$

$$Zn(OH)_2 + X_2 + 2e^- + 2H^+ = ZnX_2 + 2H_2O$$

$$E^{\ominus} = 0.5563V \quad (5\text{-}76)$$

$$Eh = 0.5563 - 0.059pH = 0.01468V$$

当pH值为9.18时，出现了类似的现象，并出现了$S_2O_3^{2-}$的电流峰，这是由于碱性介质中$S_2O_3^{2-}$更加稳定。$ZnD_2$受羟基化水解的严重影响，且部分未被氧化的$ZnD_2$也不能紧密附着在铁闪锌矿表面，否则，该电流峰将被抑制。

因此，在中性和碱性条件下，铁闪锌矿的电极过程主要受自身氧化反应步骤控制，捕收剂金属盐按其稳定性情况影响电极过程，但双乙硫氮在中性和碱性溶液中高电位下难以在铁闪锌矿表面吸附。

5.2.4.1 乙硫氮-水体系中铁闪锌矿的腐蚀与抑制

图5-12是铁闪锌矿在有和无捕收剂及不同pH值条件下的Tafel极化曲线。当pH值为7.0时，比较曲线1和3，乙硫氮的加入，腐蚀电位（$E_{corr}$）明显负移，阴极、阳极的腐蚀电流密度增大。曲线3的强极化区的斜率明显大于阴极相应区域的斜率，这是腐蚀产物$Fe(OH)_3$等产生的钝化作用造成的。

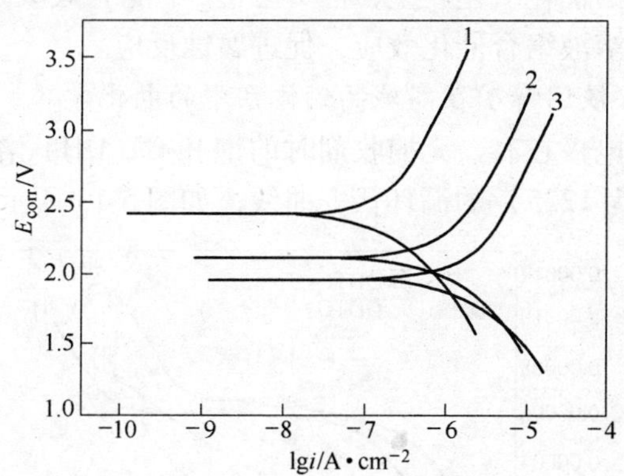


图5-12 铁闪锌矿电极在0.1mol/L $NaNO_3$溶液中的Tafel曲线

1—pH=7.0，$C_{DDTC}$=0.002mol/L；2—pH=9.0，$C_{DDTC}=10^{-4}$mol/L；3—pH=7.0，$C_{DDTC}=10^{-4}$mol/L

当pH值再调节为9时，腐蚀电位又正移，相同电位下的阴极、阳极腐蚀电流变小。其原因可能是：碱性条件下腐蚀反应产物更容易在矿物表面形成氢氧化物沉淀，阻碍了电化学反应的进行。

5.2.4.2 捕收剂与铁闪锌矿相互作用的机理

根据上述各种电化学研究，乙硫氮与铁闪锌矿相互作用的机理为：

以铁闪锌矿的 $E_{corr}$ 作为判据，当 $E < E^{r}_{(D^-/D_2)} < E_{corr}$ 时，乙硫氮在铁闪锌矿表面化学吸附，形态为 $Zn_{1-x}Fe_xS(OH)_m - D^-_{(ads)}$。但由于 $Fe^{3+}$ 极容易羟基化，这种化学吸附很弱，$Zn_{1-x}Fe_xS(OH)_m - D^-_{(ads)}$ 不稳定而产生少量的副反应。

当 $E^{r}_{D^-/D_2} < E \approx E_{corr}$ 时，随着 pH 值的不同，电化学反应形成 $FeD_2$、$Fe(OH)D_2$、$Fe(OH)_2D$ 等不稳定的中间态和 $ZnD_2$、$Zn(OH)D$、$FeD_2$、$Fe(OH)_2D$ 等会进一步氧化成 $Fe(OH)_3$、$D_2$。酸性条件下的 $Zn_{1-x}Fe_xS(OH)_m - D^-_{(ads)}$ 相对稳定，捕收剂会在矿物表面继续放电形成 $D_2$ 的电流峰；而碱性条件下的 $Zn_{1-x}Fe_xS(OH)_m - D^-_{(ads)}$ 中捕收剂吸附的稳定性差，反而促进铁闪锌矿表面的氧化反应，$D_2$ 由腐蚀电化学反应的中间态形成，不会出现独立的 $D_2$ 峰。

当 $E \geqslant E_{corr}$ 时，电极过程由铁脱离晶格的自腐蚀反应控制，$D_2$ 主要由溶液中铁的催化氧化产生，但 $D_2$、$D^-$ 不能有效吸附在铁闪锌矿表面，并产生溶液络合催化效应，促进腐蚀反应。

5.2.4.3 铁闪锌矿在高碱高钙体系中的电化学

铁闪锌矿电极在有、无捕收剂时的饱和 $Ca(OH)_2$ 溶液中（对应溶液的 pH 值为 12.5）的循环伏安曲线，如图 5-13 所示。

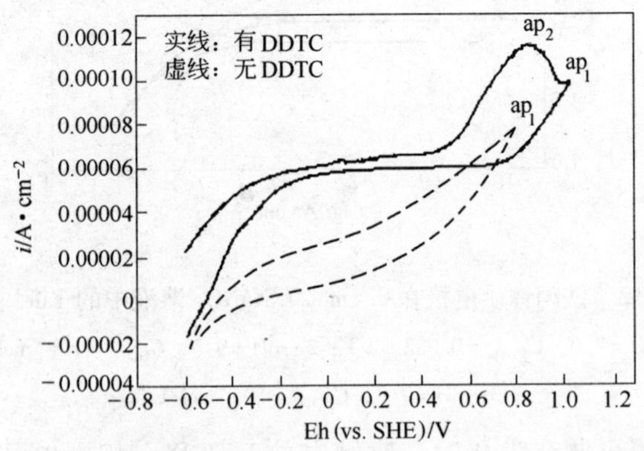


图 5-13 铁闪锌矿电极在饱和 $Ca(OH)_2$ 溶液中的循环伏安图（扫描速度：20mV/s）

当无捕收剂时，$ap_1$ 阳极峰是铁闪锌矿电极发生腐蚀氧化反应生成了 $S_2O_3^{2-}$ 和 $SO_4^{2-}$ 的结果；随着电极电位升高，电流密度持续增大，铁闪锌矿表面是一个不断被腐蚀、氧化的电极过程。

当存在捕收剂乙硫氮时，循环伏安曲线中不存在 $D^-$ 氧化成 $D_2$ 的电流峰，$ap_1$、$ap_2$ 阳极峰是铁闪锌矿电极与乙硫氮发生腐蚀氧化反应生成 $S_2O_3^{2-}$ 和 $SO_4^{2-}$ 的结果。

铁闪锌矿电极在含 0.001mol/L DDTC 的饱和 $Ca(OH)_2$ 溶液中进行多次循环伏安扫描，如图 5-14 所示。

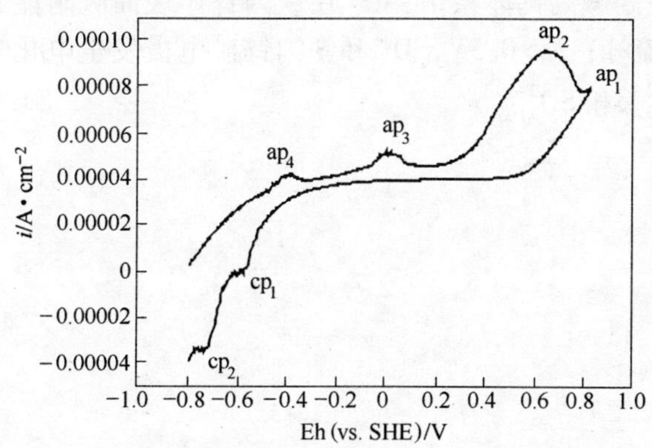


图 5-14 铁闪锌矿电极在含 0.001mol/L DDTC 饱和 $Ca(OH)_2$ 溶液中的循环伏安图（扫描速度：50mV/s）

该图中除了在低电位区分别出现 $cp_1$ 和 $ap_4$、$cp_2$ 和 $ap_3$ 这两对可逆反应阴、阳电流峰外，基本上与图 5-13 是一致的。这两对可逆反应为：

$$Zn^{2+} + 2e^- \Longrightarrow Zn$$
$$E^{\ominus} = -0.760V \qquad (5\text{-}77)$$

$$Fe(OH)_2 + H^+ + e^- \longrightarrow Fe(OH)_2 + H_2O$$
$$E^{\ominus} = 0.271V \qquad (5\text{-}78)$$

## 5.3 本章小结

（1）在方铅矿优先浮选过程中，乙硫氮比丁黄药表现出了比丁基黄药更好的选择性和更强的捕收能力。对于从选铅尾矿中进一步优先浮选闪锌矿，经 $CuSO_4$ 活化之后，合适的捕收剂可以选用丁基黄药；磁黄铁矿的浮选则应在中性 pH 值和较高的矿浆电位下进行。

（2）在含有铁闪锌矿的铅锌矿石体系中进行优先浮铅的电位调控浮选较佳的匹配方案是：pH(11.8 ~ 12.2)-Eh(0.11 ~ 0.19V)-乙硫氮($4\times10^{-5}$ ~ $2.5\times10^{-4}$mol/L)。

（3）经 $CuSO_4$ 活化后的闪锌矿在 pH 值为 12.8，电位小于 0.2V 情况下可以用黄药浮选。

（4）在高碱高钙体系中，$D^-$ 在铁闪锌矿表面吸附能力较差，不存在 $D_2$ 电流峰；$E>0.5V$，$D^-$ 和铁闪锌矿电极发生电化学反应，并生成了 $S_2O_3^{2-}$ 和 $SO_4^{2-}$。

# 第 6 章　铅锌铁硫化矿物电化学动力学研究

热力学分析和循环伏安扫描研究表明，铅锌铁硫化矿物由于其表面氧化及乙硫氮类捕收剂在其表面作用会发生一系列电化学反应。本章采用电化学测试来研究矿物电化学反应的动力学行为。

## 6.1　硫化矿物电极氧化的电位阶跃试验研究

利用控制电位暂态方法可以研究电极的氧化，建立其氧化动力学公式，计算其动力学参数。

对于一个简单的电化学反应：

$$\mathrm{R} \longrightarrow \mathrm{O} + ne^-$$

引进系数 $\beta$ 值，则：

$$\beta = \frac{K_f}{\sqrt{D}} + \frac{K_b}{\sqrt{D}}$$

式中　$K_b$，$K_f$——分别代表反应的正向和逆向速度常数；

　　$D$——反应粒子的扩散系数。

电极电流密度可表示为：

$$i = nF(K_b C_R^0 - KfC_0^0)\exp(\beta^2 t)\mathrm{erfc}(\beta\sqrt{t}) \tag{6-1}$$

假定 $\beta^2 t = 1(t = \beta^{-1})$，式（6-1）可简化为：

$$i = nF(KbC_R^0 - KfC_0^0)\left(1 - \frac{2\beta\sqrt{t}}{\sqrt{\pi}}\right) \tag{6-2}$$

则：

$$i_{t\to 0} = nF(K_b C_R^0 - K_f C_0^0) \tag{6-3}$$

整理后：

$$i_{t\to 0} = i_0\left[\mathrm{ext}\left(\frac{-\beta nF}{KT}\eta\right) - \exp\left(\frac{\alpha nF}{KT}\eta\right)\right] \tag{6-4}$$

对于一个准可逆反应，式（6-4）可简化为

$$i_{t\to0} = i_0\exp\left(\frac{-\beta nF}{KT}\eta\right) \tag{6-5}$$

式中　$i_0$——交换电流密度。

如果做一系列电位值（偏离平衡电位）的电位阶跃实验，将可求得一系列 $i_{t\to0}$ 值，$i_{t\to0}$ 是某一个电位下完全无浓差极化的电流值。由式（6-5）可得：

$$\eta = \frac{-2.303RT}{\beta nF}\lg i_0 + \frac{2.303RT}{\beta nF}\lg i_{t\to0} \tag{6-6}$$

$\eta \sim \lg i_{t\to0}$ 关系曲线遵循 Tafel 关系，由曲线斜率及截距可以求出动力学参数 $i_0$、$\eta$。

另外

$$i_0 = nFK_bK_f[C_R^0]\beta[C_0^0]^{1-\beta} \tag{6-7}$$

交换电流密度 $i_0$ 与反应物、产物浓度有关，相同介质中同一电极的 $i_0$ 值基本不变。

图 6-1 为方铅矿电极在不同电位值下的恒电位阶跃实验时电流-时间关系，在图 6-1 中选取适当的时间范围，做 $i \sim (-t^{0.5})$ 曲线为一直线，如图 6-2 所示。

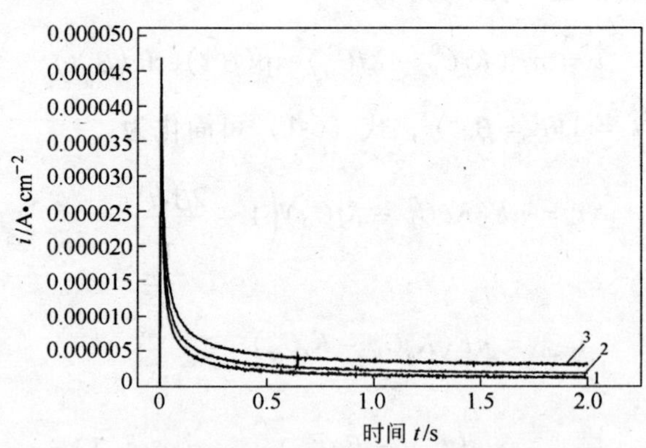


图 6-1　方铅矿不同电位阶跃时电流-时间关系曲线

1—0.25V；2—0.3V；3—0.35V

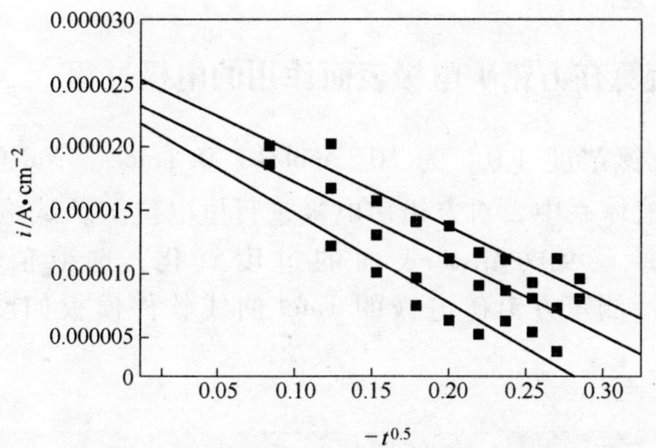


图 6-2 方铅矿电极恒电位阶跃时电流 $i \sim (-t^{0.5})$ 关系曲线

将不同电位阶跃下的 $i_{t\to 0}$ 值求出来，并做 $\eta \sim \lg i_{t\to 0}$ 曲线，如图6-3所示。

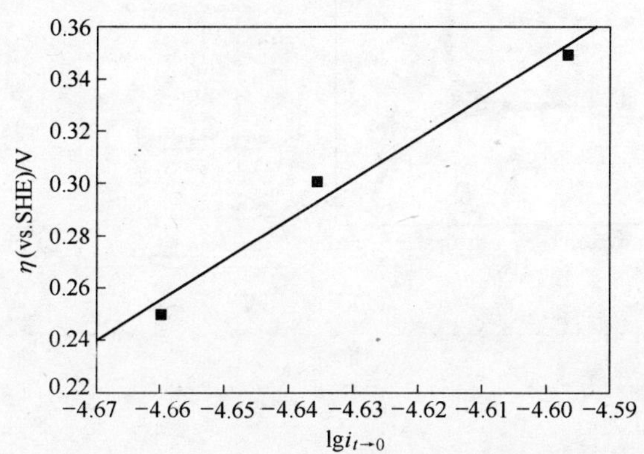


图 6-3 方铅矿电极电位阶跃时 $\eta \sim \lg i_{t\to 0}$ 关系曲线

求出图 6-3 曲线的斜率 1.560，截距为 7.523，结合式(6-6)可求出方铅矿电极在 pH = 11.03 的溶液中氧化的动力学方程为：

$$\eta = 7.523 + 1.560\lg i_{t\to 0} \tag{6-8}$$

可求出 $n\beta = 0.038$，$i_0 = 1.585\mu\mathrm{A/cm^2}$。

参照图 6-5 可看出方铅矿在同一体系中的 $i_0 = 1.614\mu\mathrm{A/cm^2}$，

两者非常接近。

## 6.2 乙硫氮在方铅矿电极表面作用的电极过程

在乙硫氮浓度［D］为 $10^{-3}$mol/L、0.1mol/L $NaNO_3$、pH = 12.8 的溶液体系中，对方铅矿电极进行恒电位阶跃试验，电位值的选取尽量避免方铅矿表面的过度氧化，选取值为 0.25V (vs. SHE)。测定方铅矿电极的 Tafel 曲线软件模板如图 6-4、图 6-5所示。

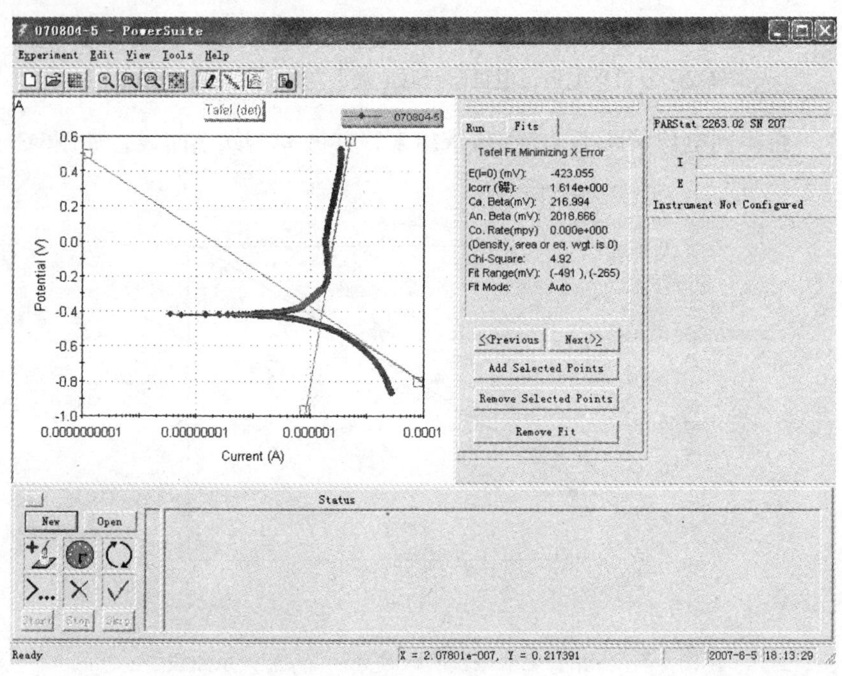


图 6-4 测定方铅矿电极的 Tafel 曲线软件模板

(pH = 11.03，25℃，0.1mol/L $Na_2SO_4$，扫描速度 2mV/s)

方铅矿电位阶跃时电流-时间关系曲线如图 6-6 所示。

在图 6-6 中选取适当的时间范围，做 $i^{-1} \sim t^{0.5}$ 曲线，近似为一直

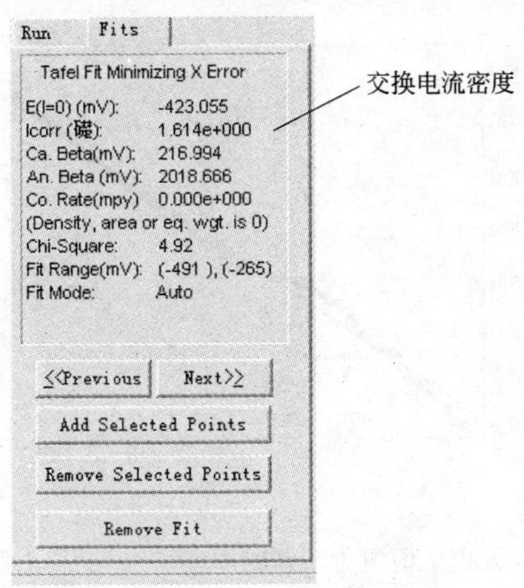


图 6-5 图 6-4 部分放大图

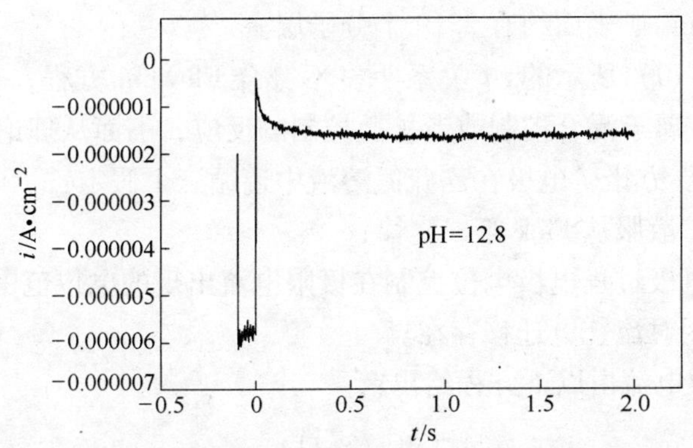


图 6-6 方铅矿电位阶跃时电流-时间关系曲线

线，如图 6-7 所示。

可以求得方铅矿电位阶跃试验所得到的电流-时间关系式：

$$i^{-1} = 1.9065 \times 10^4 + 2.72381 \times 10^5 t^{0.5} \tag{6-9}$$

$$Q = \int_0^{1.2} \frac{1}{1.90645 \times 10^4 + 2.72381 \times 10^5 t^{0.5}} \mathrm{d}t = 1772 \mu\mathrm{C/cm^2} \tag{6-10}$$

方铅矿的晶格参数为 0.5936nm，一个 $PbD_2$ 单分子层所需电量为

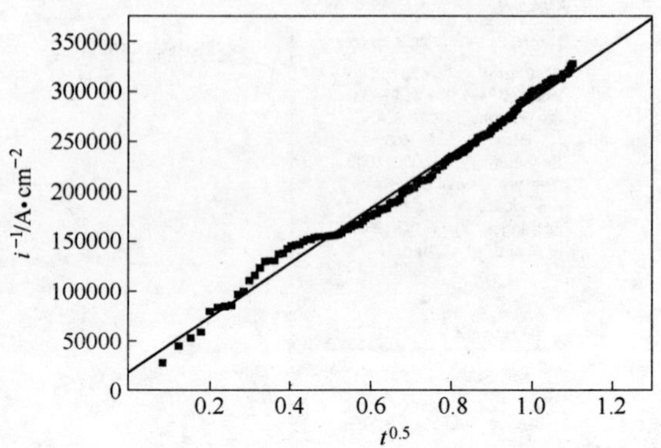


图 6-7 方铅矿恒电位阶跃时电流 $i^{-1} \sim t^{0.5}$ 关系曲线

90.8μC/cm²，电极的粗糙度假定为 1.5，因此可求出，pH = 12.8 时，乙硫氮在方铅矿表面约有 2.19 个分子层。

式（6-10）所示的 *i-t* 关系明显不符合 Elovichi 方程，表明 $PbD_2$ 形成的反应属于混合控制或者扩散控制的反应，下面从理论上推导公式（6-10）。方铅矿电极在乙硫氮溶液中遵循三个假定：

（1）扩散服从 Fick 第二定律；

（2）电极过程电极电位控制在极限电流出现的电位范围；

（3）无对流、电迁移存在。

则扩散电流由以下方程给出：

$$i = nFD\left[\frac{\partial C_0(x,t)}{\partial x}\right]_{x=0} \tag{6-11}$$

$$C_0(x,t) = C_0^0 \mathrm{erf}\left(\frac{x}{2\sqrt{Dt}}\right) \tag{6-12}$$

$$i = nFD\frac{C_0^0}{\sqrt{\pi Dt}} = nFC_0^0\sqrt{\frac{D}{\pi t}} \tag{6-13}$$

式中 $C_0^0$——反应物初始浓度；

$D$——反应粒子在电极表面的扩散系数。

将式（6-9）代入式（6-13）可求出，pH = 12.8 时乙硫氮在方铅矿电极表面的扩散系数 $D$ 为 $1.13\times10^{-6}\text{cm}^2/\text{s}$。

## 6.3 乙硫氮在磁黄铁矿电极表面的电极过程

磁黄铁矿电极在乙硫氮浓度为 $10^{-3}$mol/L 的水溶液中，以 0.55V 电位恒电位阶跃时，电流-时间关系如图 6-8 所示。

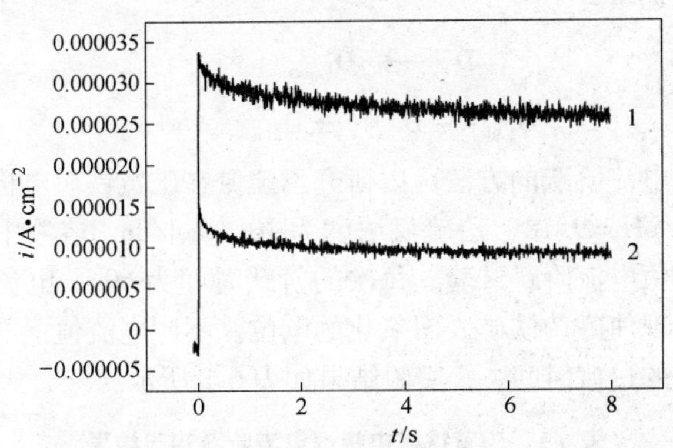


图 6-8 磁黄铁矿不同 pH 值条件下恒电位阶跃时电流-时间关系曲线

1—pH = 9.18；2—pH = 11.0

极化时间为 10s，$i$-$t$ 关系可求得：

pH = 9.11 时，

$$i^{-1} = 8.13\times10^4 + 1.05\times10^4 t \tag{6-14}$$

pH = 11.34 时，

$$i^{-1} = 3.07\times10^4 + 3.82\times10^3 t^{0.5} \tag{6-15}$$

对式（6-14）和式（6-15）积分可求出电位阶跃时，磁黄铁矿电极表面所通过的电量分别为 $2900\mu\text{C/cm}^2$ 和 $1800\mu\text{C/cm}^2$。$D_2$ 极性基面积取 2nm，可求得一个 $D_2$ 分子形成所需电量为 $158.6\mu\text{C/cm}^2$，电极粗糙度取 4.5，同理可求出，pH = 9.18 时，乙硫氮在磁黄铁矿电极表面生成 $D_2$ 有 1.64 个分子层；pH = 11.34 时，则生成双黄药有 0.84 个分子层。由此可知，磁黄铁矿在强碱条件下作用比 pH = 9.18 时弱，形成的作用产物厚度薄。

## 6.4 乙硫氮在磁黄铁矿电极表面的电化学吸附

前一章的研究表明，乙硫氮在磁黄铁矿表面氧化作用产物是 $D_2$。假定乙硫氮离子在磁黄铁矿电极上氧化的作用历程是分步进行的，第一步先发生乙硫氮根离子 $D^-$ 的电化学吸附；第二步 $D^-$ 氧化成 $D_2$ 并吸附，反应如下：

$$D^- \longrightarrow D_{(ads)} + e^- \tag{6-16}$$

$$D_{(ads)} + D^- \longrightarrow D_{2(ads)} + e^- \tag{6-17}$$

采用恒电流阶跃的方法可以研究乙硫氮在磁黄铁矿电极表面作用的过程。在 pH = 9.18，乙硫氮浓度为 $10^{-3}$ mol/dm$^3$ 溶液中进行不同电流值下的恒电流阶跃试验，每次的阶跃时间为60s。电流值的选取尽量避免出现使磁黄铁矿表面氧化的电位。不同电流值下的电流阶跃试验有不同的过渡时间 $\tau$，实验结果如表6-1 所示。

**表6-1 磁黄铁矿电极恒电流阶跃实验结果**

| 电流阶跃值/$\mu A \cdot cm^{-2}$ | 150 | 200 | 250 | 300 | 350 |
|---|---|---|---|---|---|
| $i^{-1}$/$cm^2 \cdot mA^{-1}$ | 6.7 | 5.0 | 4.0 | 3.33 | 2.86 |
| 过渡时间 $\tau$/s | 20.30 | 15.33 | 13.54 | 10.82 | 7.55 |
| 电量 $Q$/$\mu C \cdot cm^{-2}$ | 3045 | 3066 | 3386 | 3246 | 2642.5 |

恒电流通过电极时，消耗的总电量为：

$$Q = Q_\theta + Q_c \tag{6-18}$$

式中 $Q_c$——表示扩散层所需的电量；

$Q_\theta$——消耗于吸附层的电量。

由桑德（Sand）公式：

当 $Q_\theta = 0$，
$$Q = Q_\theta + \frac{n^2F^2\pi DC^2}{4i} \tag{6-19}$$

式中 $D$——反应物的扩散系数；

$C$——反应物浓度。

式（6-19）说明 $Q \sim \frac{1}{i}$ 关系为线性关系，$Q \sim \frac{1}{i}$ 曲线如果不通

过原点，则表明 $Q_\theta \neq 0$ ，即表明反应物在电极表面有电化学吸附，如果曲线过原点则表示 $Q_\theta = 0$ ，电极表面无电化学吸附。

将表6-1的结果用图6-9表示，$Q \sim \frac{1}{i}$ 曲线表明，该直线不过原点，$Q_\theta \neq 0$，乙硫氮在磁黄铁矿电极表面有电化学吸附存在，由此可见反应式（6-16）和式（6-17）代表乙硫氮在磁黄铁矿表面作用的电极过程。

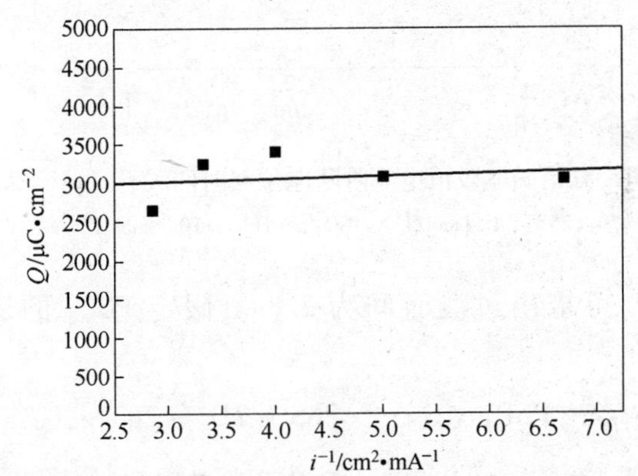


图6-9　磁黄铁矿电极恒电流阶跃时电量与电流关系曲线
（25℃，0.1mol/L $Na_2SO_4$，［BX］=$10^{-3}$mol/L）

## 6.5　$PbD_2$ 在方铅矿电极表面的稳定性

前一章的研究表明，乙硫氮在方铅矿电极表面生成了 $PbD_2$。本节采用恒电流阶跃方法研究硫化矿物电极上乙硫氮作用产物的稳定性。乙硫氮作用产物的稳定性严重影响硫化矿物的浮选特性，不同硫化矿物表面作用稳定性的差异是混合精矿浮选分离的关键。

在 pH=9.18，乙硫氮［D］=$10^{-3}$mol/L 的电解质溶液中，采用的恒电位阶跃（电位 Eh=0.25V）使得方铅矿电极表面形成 $PbD_2$，然后在电流密度 $i = -450\mu A/cm^2$ 的恒电流条件下进行恒电流阶跃试验，所得到的电位-时间关系如图6-10所示，表示还原时电位随时间变化关系。

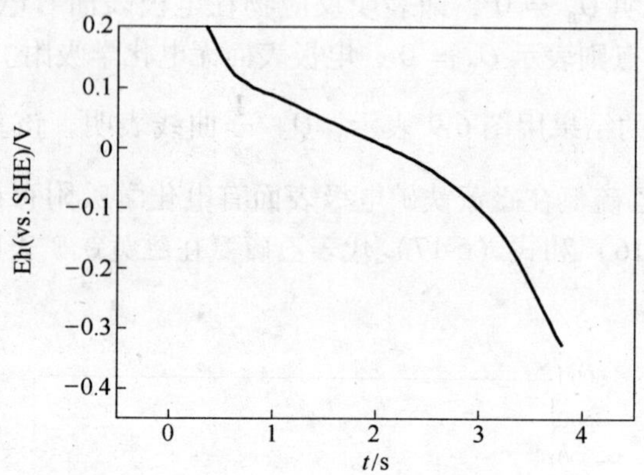


图 6-10　方铅矿电极恒电流阶跃电位与时间关系（pH = 9.18）
（25℃，0.1mol/L $Na_2SO_4$，[D] = $10^{-3}$mol/L）

从图 6-10 可求出过渡时间为 3.8s。假定 $PbD_2$ 的还原由下式决定：

$$PbD_2 + S \longrightarrow PbS + 2D^- - 2e^- \tag{6-20}$$

$$E = -0.301 - 0.059\lg[X^-]$$

当 [D] = $10^{-3}$ mol/L 时，反应式（6-20）的热力学平衡电位为 Eh = −0.124V。前一章的讨论表明，乙硫氮在方铅矿表面形成 $PbD_2$ 的反应是一个不可逆反应，式（6-20）反应存在阴极过电位 $\eta_k$。

对于一个不可逆的还原反应：

$$O + ne^- \longrightarrow R \tag{6-21}$$

忽略反应物质的电迁移和对流，只存在扩散引起的浓度变化，恒电流极化时反应物浓度与时间的关系为：

$$\eta_k = \frac{2.303RT\lg(i_k/i_O)}{\alpha nF} - \frac{2.303RT\lg[1-(t/\tau)^{0.5}]}{\alpha nF} \tag{6-22}$$

$$C_O(0,t) = C_O^0\left(1 - \sqrt{\frac{t}{\tau}}\right) \tag{6-23}$$

式中，$C_O(0, t)$ 为反应物 O 在电极表面 $t$ 时刻的浓度；$C_O^0$ 为反应物的初始浓度；$\tau$ 为过渡时间。

式（6-21）反应的阴极电流 $i_k$ 可表示为：

$$i_k = i_O \frac{C_O(0,t)}{C_O^0} \exp\left(\frac{\alpha nF}{RT}\eta K\right) \tag{6-24}$$

$$\eta_k = \frac{2.303RT\lg(i_k/i_O)}{\alpha nF} - \frac{2.303RT\lg[1-(t/\tau)^{0.5}]}{\alpha nF} \tag{6-25}$$

将图 6-10 曲线转换成 $\eta_k \sim \lg\left[1-\left(\frac{t}{\tau}\right)^{0.5}\right]$ 关系曲线，如图 6-11 所示，为一直线，可求出直线的斜率和截距，结合式（6-25），得出 $PbD_2$ 还原时的动力学方程为：

$$\eta_k = 0.301 - 0.289\lg\left[1-\left(\frac{t}{\tau}\right)^{0.5}\right] \tag{6-26}$$

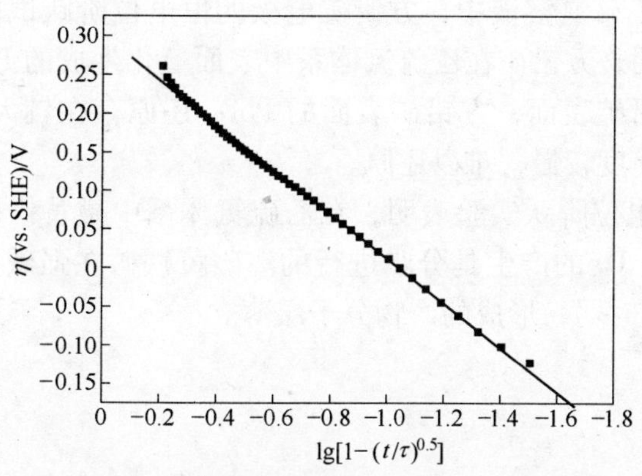


图 6-11 方铅矿电极恒电流阶跃时 $\eta \sim \lg[1-(t/\tau)^{0.5}]$ 关系曲线

同时可求出其动力学参数 $na = 0.98$，已知 $n = 2$，可求得 $a = 0.49$；交换电流密度 $i_0 = 45\mu A/cm^2$。

恒电流阶跃实验研究，方铅矿电极单位表面通过的电量 $Q' = i_k\tau = 1710\mu C/cm^2$；前一节研究结果表明，$PbD_2$ 生成的单位面积电量 $Q = 1772\mu C/cm^2$。

$$\frac{Q'}{Q} = 96.5\% \tag{6-27}$$

式（6-27）表明 $PbD_2$ 在方铅矿表面吸附牢固，有 96.5% 的 $PbD_2$ 只能以法拉第方式在其表面解吸。$PbD_2$ 还原的电化学动力学方程及其动力学参数值表明，$PbD_2$ 在方铅矿表面还原阴极过电位较大，还原反应的速度较慢，难以还原。

## 6.6　本章小结

（1）根据方铅矿电极在不同电位值下的恒电位阶跃实验时电流-时间关系曲线，绘制了方铅矿电极恒电位阶跃时电流 $i \sim (-t^{0.5})$ 关系图，根据此图将不同电位阶跃下的 $i_{t\to 0}$ 值求出来，据此绘制方铅矿电极电位阶跃时 $\eta \sim \lg i_{t\to 0}$ 关系曲线，由此求出方铅矿电极在 pH = 11.03 的溶液中氧化的动力学方程为：$\eta = 7.523 + 1.560\lg i_{t\to 0}$，$n\beta = 0.038$，$i_0 = 1.585\mu A/cm^2$，说明方铅矿电极自身氧化较快。

（2）在乙硫氮溶液中，方铅矿电极的恒电位阶跃试验与恒电流阶跃试验表明，方铅矿在乙硫氮体系中表面氧化生成的 $PbD_2$ 能稳定地吸附在方铅矿表面，方铅矿表面的 $PbD_2$ 还原存在较大的过电位，还原反应的速度较慢，难以还原。

（3）恒电位阶跃实验表明，在乙硫氮体系中磁黄铁矿表面存在电化学吸附，$D_2$ 的产生是分步进行的。磁黄铁矿在强碱条件下作用比 pH = 9.18 时弱，形成的产物分子层薄。

# 第7章　重金属离子对铅锌铁硫化矿浮选行为的影响

前面的研究结果表明，在含有铁闪锌矿的铅锌矿石体系中进行优先浮铅的电位调控浮选较佳的匹配方案是：pH 值(11.8 ~ 12.2)-Eh(0.11 ~ 0.19V)-乙硫氮($4\times10^{-5}$ ~ $2.5\times10^{-4}$mol/L)，而高碱原生电位工艺对应的条件为：pH 值(12.5 ~ 12.8)-Eh(0.15 ~ 0.20V)-乙硫氮（$4\times10^{-5}$ ~ $2.5\times10^{-4}$mol/L)。高碱原生电位工艺实际上是铅锌矿的“强压强拉”工艺，即靠添加大量石灰，在 pH 值为 12.5 ~ 12.8 矿浆体系中，对锌铁硫化矿“强行抑制”，而对方铅矿等“强拉”，此工艺存在的不足是在高碱条件下，伴生于铅锌矿中的金、银贵金属等强烈抑制而导致综合回收率不高，而锌铁硫化矿受到强烈抑制后，必须在大量活化剂与大量捕收剂的“强拉”作用下才能很好地上浮，这样导致选矿药剂成本偏高。如果锌铁硫化矿是铁闪锌矿与磁黄铁矿，即使“强拉”，也难以上浮。因此对于富含铁闪锌矿的难选铅锌硫化矿，必须考虑在相对较低的 pH 值条件下进行硫化铅矿物与锌铁硫化矿的浮选分离，另外，铅锌硫化矿因氧化而产生的重金属离子对锌铁硫化矿的影响，也必须通过试验来证实，因此，本章将对方铅矿、闪锌矿、铁闪锌矿、黄铁矿与磁黄铁矿五种矿物进行纯矿物浮选试验，以明确其在特定条件下的浮选行为，并为后续实际矿石浮选工艺的确定提供依据。

## 7.1　矿浆 pH 值与矿浆 Eh 对矿物可浮性的影响

本节采用乙硫氮（DDTC）、丁基黄药（KBX）、丁铵黑药（ADDP）作为捕收剂，丁基醚醇为起泡剂，用量为 10mg/L，考察方铅矿、闪锌矿、铁闪锌矿、黄铁矿与磁黄铁矿五种矿物的浮选行为，并考察三种捕收剂的捕收效果。

### 7.1.1　矿浆 pH 值和矿浆 Eh 对 DDTC 浮选铅锌铁硫化矿的影响

试验流程如图 2-1 所示，采用乙硫氮为浮选捕收剂，考察不同矿浆 pH 值条件下矿浆电位的变化与五种硫化矿矿物的浮选回收率，考虑到矿浆 pH 值在低于 7 的酸性条件下，捕收剂分解速度很快，同时铅锌铁硫的浮选多是在碱性介质中进行，因此，试验只对矿浆 pH 值高于 7 的区间进行考察，试验结果如图 7-1 所示。

由图 7-1 可见，采用乙硫氮作浮选捕收剂时，方铅矿在整个矿浆 pH 值范围内都有很好的可浮性，回收率均在 90% 以上。黄铁矿只是在矿浆 pH 值约小于 9.4（矿浆电位 Eh 约大于 340mV）的范围才体现出较好的可浮性（回收率大于 50%），闪锌矿、铁闪锌矿与磁黄铁矿在整个试验矿浆 pH 值范围内浮选回收率都不超过 50%，说明可浮性较差。由图同时可见，铁闪锌矿的可浮性比闪锌矿的可浮性差，而

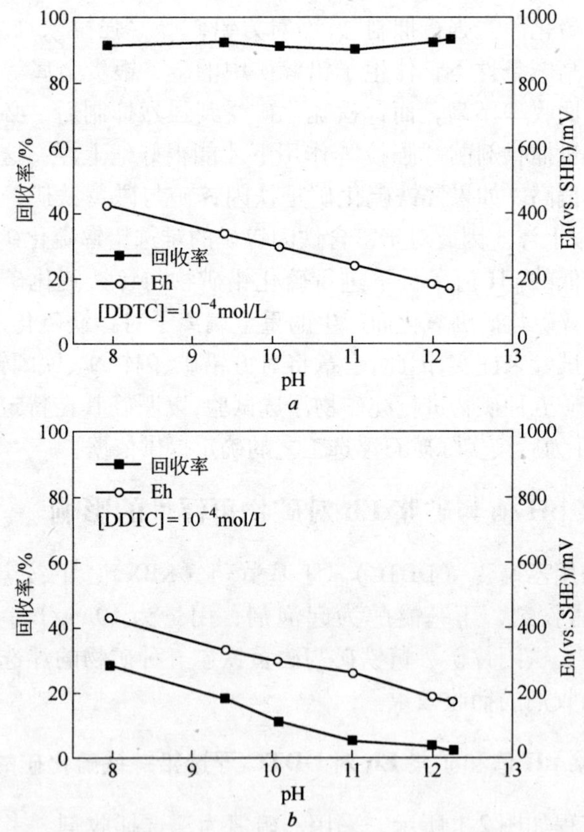

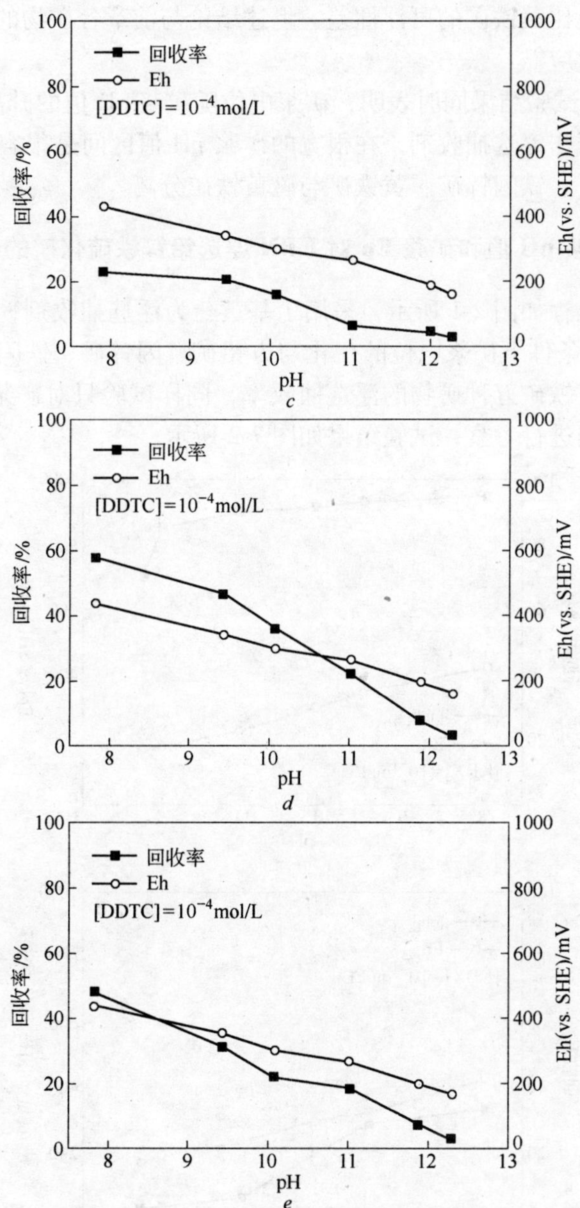


图 7-1 矿浆 pH 值和矿浆 Eh 对 DDTC 浮选铅锌铁硫化矿的影响

*a*—方铅矿；*b*—闪锌矿；*c*—铁闪锌矿；*d*—黄铁矿；*e*—磁黄铁矿

磁黄铁矿也比黄铁矿的可浮性差。上述结论与前章各矿物的浮选电化学行为相对应。

图 7-1 试验结果同时表明，矿浆电位随矿浆 pH 值的升高而降低，采用乙硫氮作浮选捕收剂，在很宽的矿浆 pH 值区间是很容易将方铅矿与闪锌矿、铁闪锌矿、黄铁矿与磁黄铁矿分离。

### 7.1.2　矿浆 pH 值和矿浆 Eh 对 KBX 浮选铅锌铁硫化矿的影响

试验流程如图 2-1 所示，采用丁基黄药为浮选捕收剂，考察不同矿浆 pH 值条件下矿浆电位的变化与方铅矿、闪锌矿、铁闪锌矿、黄铁矿与磁黄铁矿五种矿物的浮选回收率，同样试验只对矿浆 pH 值高于 7 的区间进行考察，试验结果如图 7-2 所示。

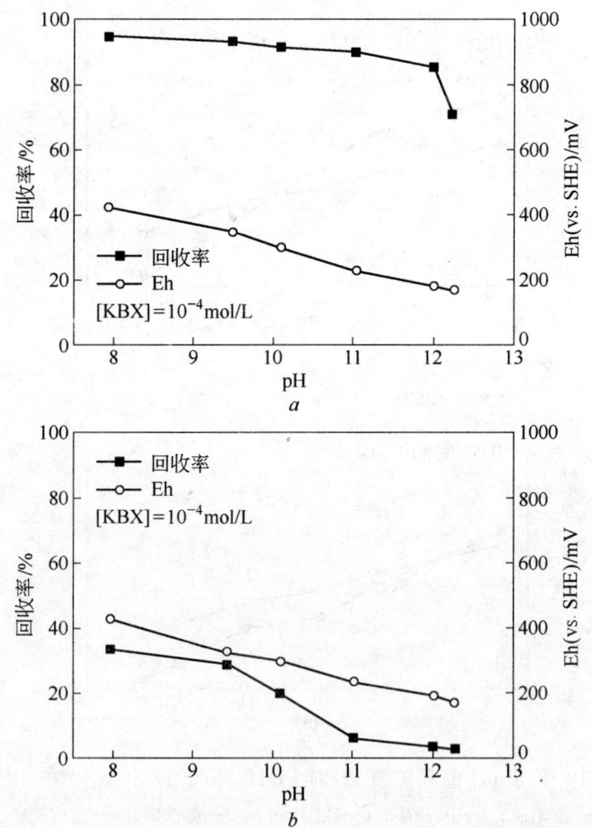

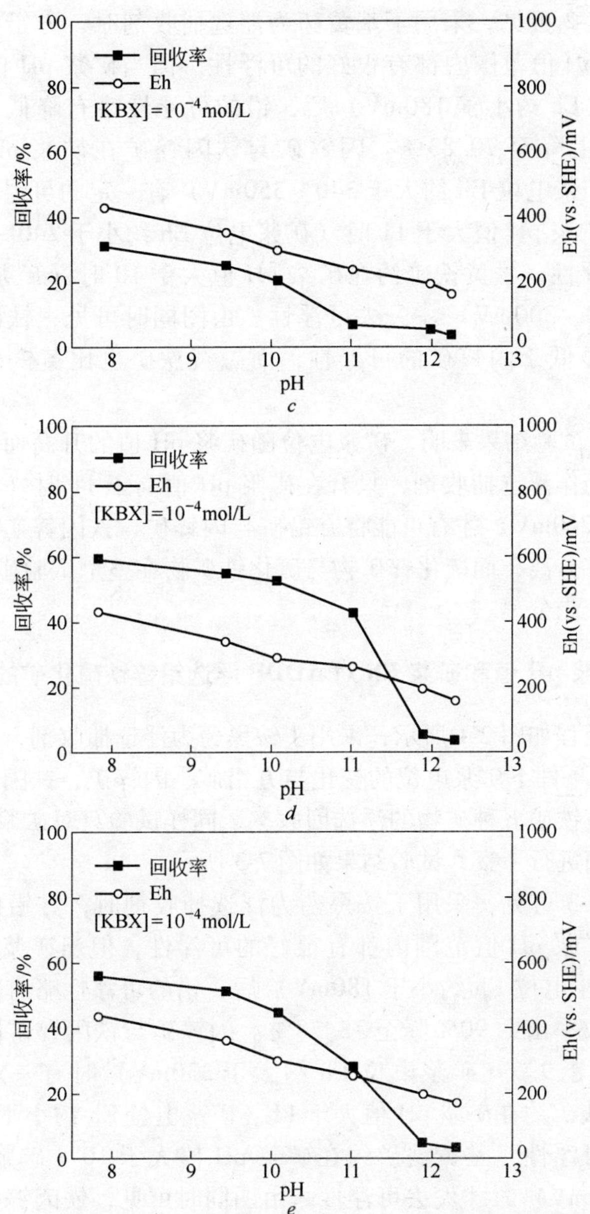


图 7-2　矿浆 pH 值和矿浆 Eh 对 KBX 浮选铅锌铁硫化矿的影响

*a*—方铅矿；*b*—闪锌矿；*c*—铁闪锌矿；*d*—黄铁矿；*e*—磁黄铁矿

由图7-2可见，采用丁基黄药为浮选捕收剂时，方铅矿在整个试验矿浆pH值范围内都有很好的可浮性，但当矿浆pH值大于12（矿浆电位Eh约小于180mV）后，铅的可浮性略有降低，回收率从90%以上降至70.83%。闪锌矿与铁闪锌矿在矿浆pH值低于9.5时（矿浆电位Eh约大于340~350mV）有一定的可浮性，而黄铁矿约在矿浆pH值大于11时（矿浆电位Eh约小于240~260mV）才失去可浮性，磁黄铁矿约在矿浆pH值大于10时（矿浆电位Eh约小于290~300mV）才失去可浮性。由图同时可见，铁闪锌矿的可浮性明显低于闪锌矿的可浮性，而磁黄铁矿也比黄铁矿的可浮性差。

图7-2试验结果表明，矿浆电位随矿浆pH值的升高而降低，采用丁基黄药作浮选捕收剂，只有在矿浆pH值高于11时（矿浆电位Eh约小于260mV）才有可能将方铅矿与闪锌矿、铁闪锌矿、黄铁矿与磁黄铁矿分离，而硫化锌矿物与硫化铁矿物在整个试验矿浆pH值范围内都较难分离。

### 7.1.3 矿浆pH值和矿浆Eh对ADDP浮选铅锌铁硫化矿的影响

试验流程如图2-1所示，采用丁铵黑药为浮选捕收剂，考察不同矿浆pH值条件下矿浆电位的变化与方铅矿、闪锌矿、铁闪锌矿、黄铁矿与磁黄铁矿五种矿物的浮选回收率，同样试验只对矿浆pH值高于7的区间进行考察，试验结果如图7-3所示。

由图7-3可见，采用丁铵黑药为浮选捕收剂时，方铅矿同样在整个试验矿浆pH值范围内都有很好的可浮性，但当矿浆pH值大于12（矿浆电位Eh约小于180mV）后，铅的可浮性略有降低，方铅矿的回收率由约90%降至78.78%。闪锌矿与铁闪锌矿同样在矿浆pH值低于9.5（矿浆电位Eh约大于330mV）时有一定的可浮性，而黄铁矿约在矿浆pH值大于11（矿浆电位Eh约小于240mV）时才失去可浮性，磁黄铁矿约在矿浆pH值大于10（矿浆电位Eh约小于290mV）时才失去可浮性。由图同时可见，铁闪锌矿的可浮性明显低于闪锌矿的可浮性，而磁黄铁矿也比黄铁矿的可浮性差。

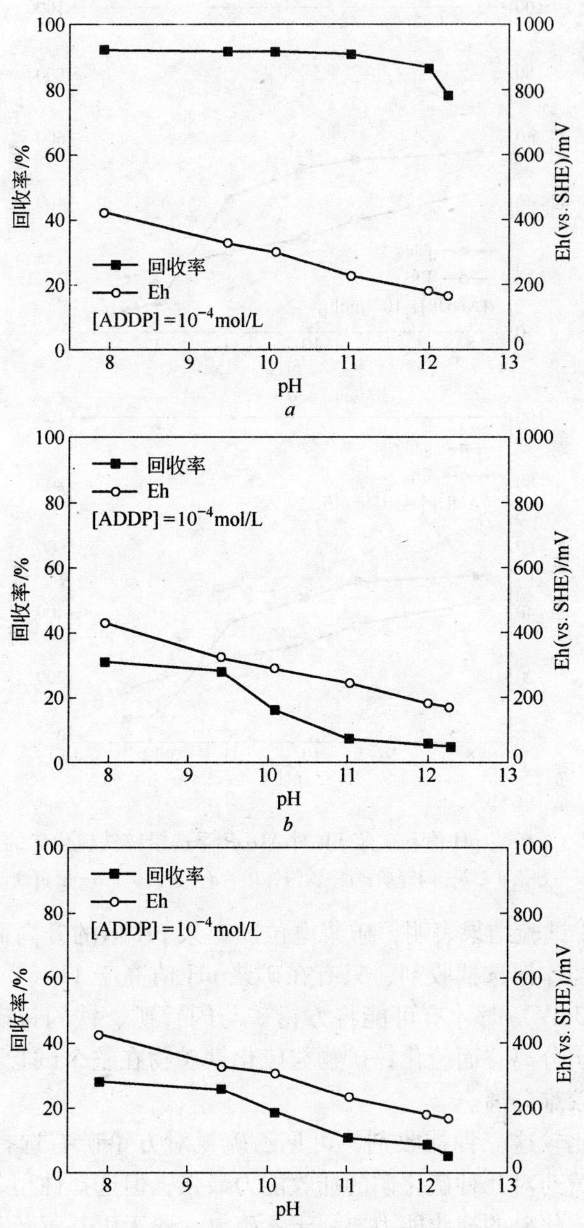
回收率/%
Eh(vs. SHE)/mV
回收率
Eh
[ADDP] = $10^{-4}$mol/L
pH
a
b
c

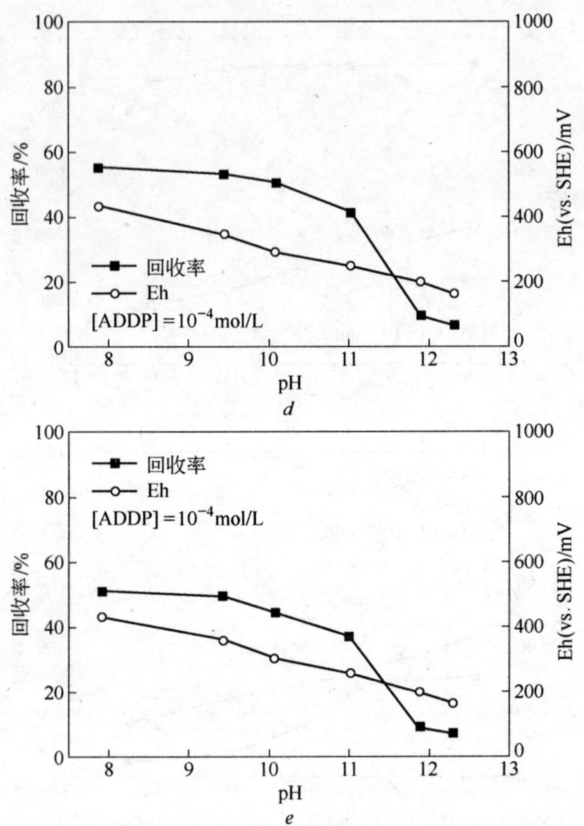


图 7-3 矿浆 pH 值和矿浆 Eh 对 ADDP 浮选铅锌铁硫化矿的影响

*a*—方铅矿；*b*—闪锌矿；*c*—铁闪锌矿；*d*—黄铁矿；*e*—磁黄铁矿

图 7-3 试验结果表明，矿浆电位随矿浆 pH 值的升高而降低，采用丁铵黑药作浮选捕收剂，只有在矿浆 pH 值高于 11（矿浆电位 Eh 约小于 240mV）时才有可能将方铅矿与闪锌矿、铁闪锌矿、黄铁矿与磁黄铁矿分离，而硫化锌矿物与硫化铁矿物在整个试验矿浆 pH 值范围内都较难分离。

综合比较这三种捕收剂，可见乙硫氮对方铅矿有选择性捕收能力，丁基黄药对几种硫化矿的捕收能力最强，但选择性稍差，丁铵黑药对几种硫化矿的捕收能力要强于乙硫氮，弱于丁基黄药，但同样存在选择性差的问题。

乙硫氮作浮选捕收剂时，能在很宽的矿浆 pH 值区间将方铅矿与闪锌矿、铁闪锌矿、黄铁矿与磁黄铁矿分离，这可为在相对高碱原生电位浮选矿浆 pH 值更低条件下，实现铅锌铁硫化矿提供依据。

## 7.2 Pb(Ⅱ)对锌铁硫化矿可浮性的影响

前面的研究结果表明，锌铁硫化矿的可浮性不是很好，尤其是闪锌矿与铁闪锌矿，然而，在铅锌铁多金属硫化矿的浮选实践中，锌铁硫化矿常为一些重金属离子，如 Cu(Ⅱ)、Pb(Ⅱ)、Ag(Ⅰ)、Au(Ⅰ)、Cd(Ⅱ)等有意（特别是作为活化剂的 Cu（Ⅱ））或无意活化。在铅锌铁多金属硫化矿的浮选生产中，铅-锌浮选分离时，期望闪锌矿等锌铁硫化矿受到抑制，而在锌-硫分离时，又期望闪锌矿等硫化锌矿物得到活化而有好的可浮性，同时又期望硫化铁矿物受到抑制。因此，研究锌铁硫化矿的活化与抑制行为是非常有意义的工作。

Cu(Ⅱ)作为锌铁硫化矿活化剂的研究甚多,对于 Pb(Ⅱ)活化锌铁硫化矿的研究,相对较少,而在铅锌铁多金属硫化矿浮选生产中,Pb(Ⅱ)的影响不能不考虑,因此,本节研究了 Pb(Ⅱ)对锌铁硫化矿浮选的影响。

### 7.2.1 采用 DDTC 作捕收剂时 Pb(Ⅱ)对锌铁硫化矿可浮性的影响

采用 DDTC 作捕收剂,用量为 $10^{-4}$mol/L,丁基醚醇为起泡剂,用量为 10mg/L,考察了不同矿浆 pH 值条件下,Pb(Ⅱ)的用量对闪锌矿、铁闪锌矿、黄铁矿与磁黄铁矿四种矿物的浮选行为,试验结果如图 7-4 所示。

由图 7-4 可见，在未加入 $Pb(NO_3)_2$ 情况下，闪锌矿、铁闪锌矿以及黄铁矿、磁黄铁矿的浮选回收率都不高，随着 $Pb(NO_3)_2$ 的加入，铁闪锌矿、黄铁矿与磁黄铁矿的浮选回收率在矿浆 pH 值小于 10（矿浆电位 Eh 约为 290 ~ 300mV）的条件下大幅提高，而在矿浆 pH 值大于 10（矿浆电位 Eh 约为 290 ~ 300mV）时可浮性仍较差，闪锌矿则在整个试验矿浆 pH 值区间表现出良好的可浮性，尤其是在 $Pb(NO_3)_2$ 添加量达到 $1.92 \times 10^{-4}$ mol/L（对应于 500g/t）时，其浮选回收率在矿浆 pH 值小于 11（矿浆电位 Eh 约为 240 ~ 260mV）的情况下都在 90% 以上，只是在矿浆 pH 值大于 12（矿浆电位 Eh 约小于 180mV）后浮选回收率才下降。

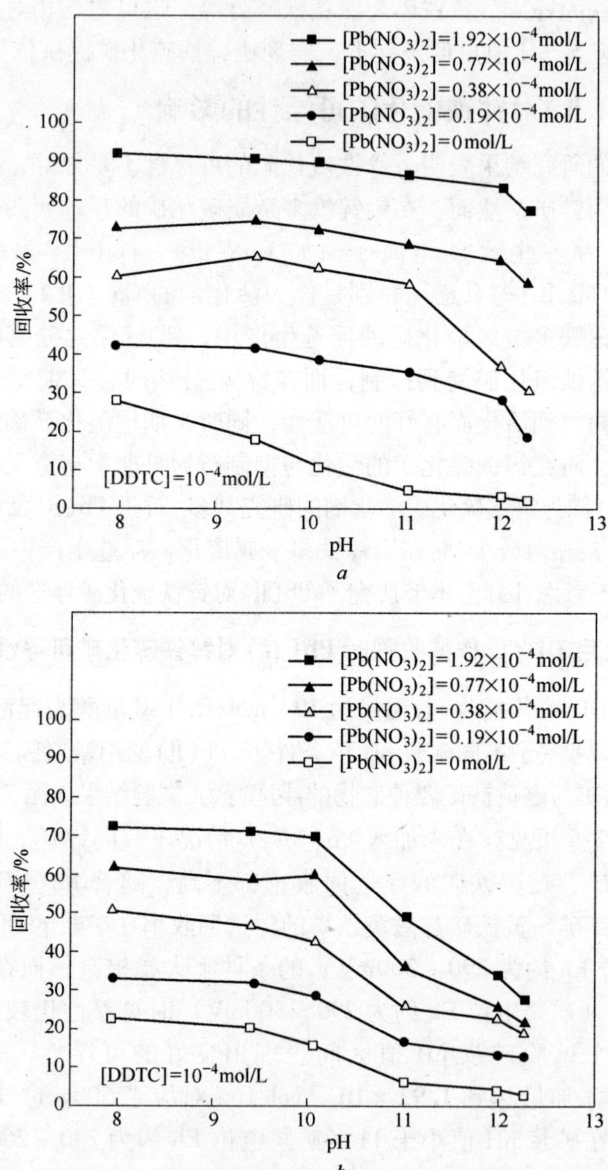
$[Pb(NO_3)_2]=1.92\times10^{-4}mol/L$
$[Pb(NO_3)_2]=0.77\times10^{-4}mol/L$
$[Pb(NO_3)_2]=0.38\times10^{-4}mol/L$
$[Pb(NO_3)_2]=0.19\times10^{-4}mol/L$
$[Pb(NO_3)_2]=0mol/L$
$[DDTC]=10^{-4}mol/L$
回收率/%
pH
a
$[Pb(NO_3)_2]=1.92\times10^{-4}mol/L$
$[Pb(NO_3)_2]=0.77\times10^{-4}mol/L$
$[Pb(NO_3)_2]=0.38\times10^{-4}mol/L$
$[Pb(NO_3)_2]=0.19\times10^{-4}mol/L$
$[Pb(NO_3)_2]=0mol/L$
$[DDTC]=10^{-4}mol/L$
回收率/%
pH
b

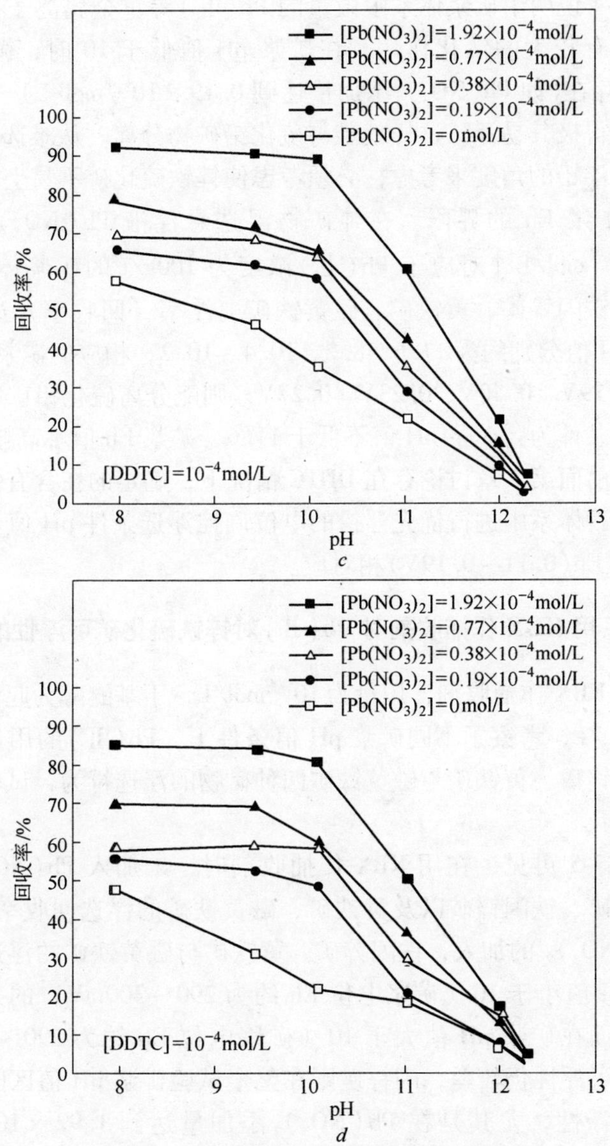


图 7-4 Pb(Ⅱ)用量对 DDTC 浮选闪锌矿、铁闪锌矿、黄铁矿与磁黄铁矿的影响

*a*—闪锌矿；*b*—铁闪锌矿；*c*—黄铁矿；*d*—磁黄铁矿

图 7-4 说明了矿浆体系中微量的 Pb( Ⅱ ) 等重金属离子确实对锌铁硫化矿有较大的活化作用，在矿浆 pH 值低于 10 时，微量的 Pb( Ⅱ ) 的存在(如 $Pb(NO_3)_2$添加量达到 $0.19\times10^{-4}$mol/L) 也使锌铁硫化矿变得极其易浮，这样就难与硫化铅矿物分离。从难选铅锌硫化矿抑锌铁浮铅的角度来考虑，必须考虑使锌铁硫化矿不易上浮的矿浆 pH 值与矿浆 Eh 的界限。在纯矿物浮选悬浮液 $Pb(NO_3)_2$ 浓度为 $0.19\times10^{-4}$mol/L（对应于 Pb( Ⅱ ) 浓度为 100g/t 的矿浆体系）时，闪锌矿、铁闪锌矿、黄铁矿、磁黄铁矿上浮率（回收率）达到 50% 的矿浆 pH 值分别约为 11.6、8.2、10.4、10.2，相应的矿浆 Eh 值分别约为 0.19V、0.40V、0.23V、0.27V，则能分离硫化铅矿物与锌铁硫化矿的条件为：矿浆 pH 值不低于 11.6，矿浆 Eh 值不高于 0.19V，此结论与前面第 5 章讨论存在 DDTC 情况下，确定的在含有铁闪锌矿的铅锌矿石体系中进行优先浮铅的电位调控浮选条件 pH 值（11.8 ~ 12.2）与 Eh(0.11 ~ 0.19V) 相对应。

### 7.2.2 采用 KBX 作捕收剂时 Pb( Ⅱ ) 对锌铁硫化矿可浮性的影响

采用 KBX 作捕收剂，用量为 $10^{-4}$mol/L，丁基醚醇为起泡剂，用量为 10mg/L，考察了不同矿浆 pH 值条件下，Pb( Ⅱ ) 的用量对闪锌矿、铁闪锌矿、黄铁矿与磁黄铁矿四种矿物的浮选行为，试验结果如图 7-5 所示。

由图 7-5 可见，在用 KBX 作捕收剂时，未加入 $Pb(NO_3)_2$ 情况下，闪锌矿、铁闪锌矿以及黄铁矿、磁黄铁矿的浮选回收率都不高，随着 $Pb(NO_3)_2$ 的加入，铁闪锌矿、黄铁矿与磁黄铁矿的浮选回收率在矿浆 pH 值小于 10（矿浆电位 Eh 约为 290 ~ 300mV）的条件下大幅提高，而在矿浆 pH 值大于 10（矿浆电位 Eh 约为 290 ~ 300mV）的条件下可浮性仍较差，闪锌矿则在整个试验矿浆 pH 值区间表现出良好的可浮性，尤其是在 $Pb(NO_3)_2$ 添加量达到 $1.92\times10^{-4}$mol/L（对应于 500g/t）时，其浮选回收率在矿浆 pH 值小于 11（矿浆电位 Eh 约为 240 ~ 260mV）的情况下都在 90% 以上，只是在矿浆 pH 值大于 12（矿浆电位 Eh 约小于 180mV）后浮选回收率才下降。

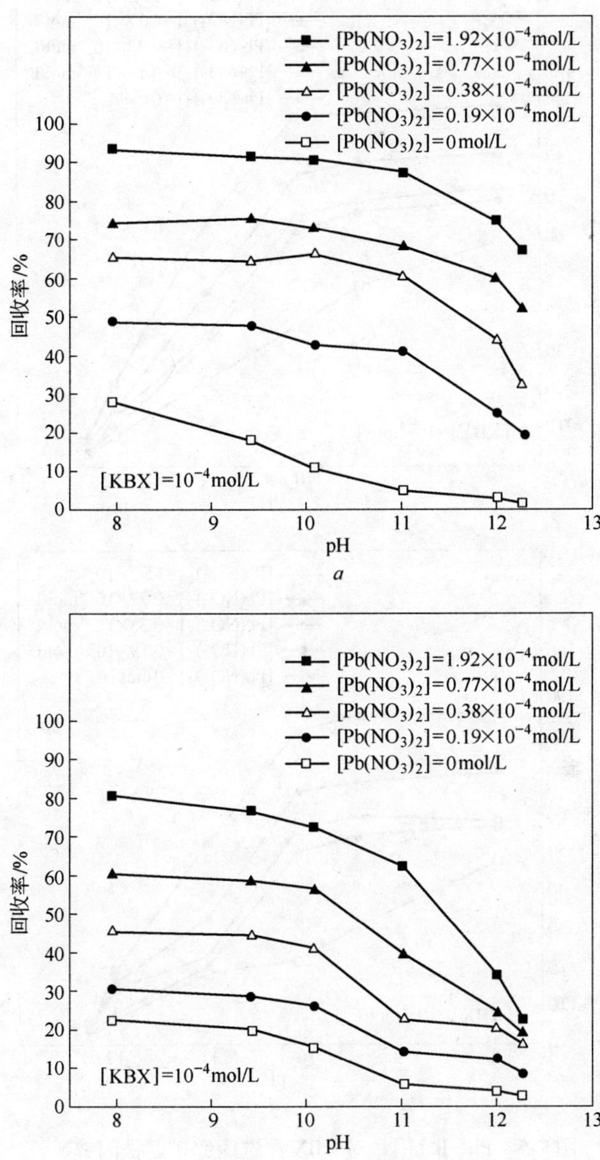
[Pb(NO3)2]=1.92×10−4mol/L
[Pb(NO3)2]=0.77×10−4mol/L
[Pb(NO3)2]=0.38×10−4mol/L
[Pb(NO3)2]=0.19×10−4mol/L
[Pb(NO3)2]=0mol/L
回收率/%
[KBX]=10−4mol/L
pH
a
[Pb(NO3)2]=1.92×10−4mol/L
[Pb(NO3)2]=0.77×10−4mol/L
[Pb(NO3)2]=0.38×10−4mol/L
[Pb(NO3)2]=0.19×10−4mol/L
[Pb(NO3)2]=0mol/L
回收率/%
[KBX]=10−4mol/L
pH
b

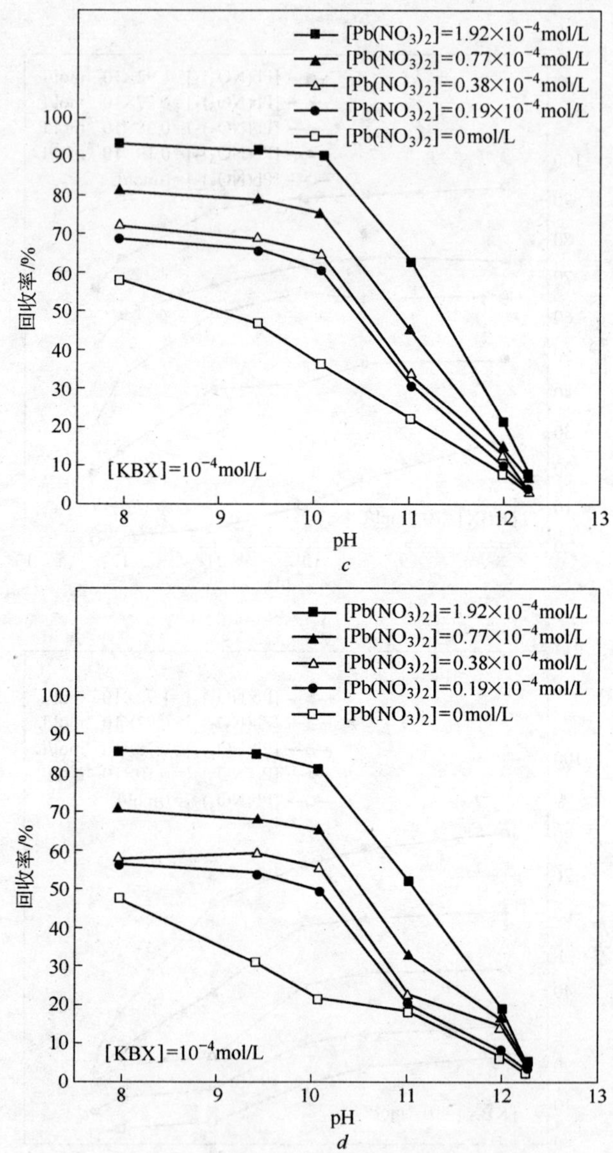


图7-5 Pb(Ⅱ)用量对KBX浮选闪锌矿、铁闪锌矿、黄铁矿与磁黄铁矿的影响

*a*—闪锌矿；*b*—铁闪锌矿；*c*—黄铁矿；*d*—磁黄铁矿

### 7.2.3 采用 ADDP 作捕收剂时 Pb(Ⅱ)对锌铁硫化矿可浮性的影响

采用 ADDP 作捕收剂，用量为 $10^{-4}$mol/L，丁基醚醇为起泡剂，用量为 10mg/L，考察了不同矿浆 pH 值条件下，Pb(Ⅱ)的用量对闪锌矿、铁闪锌矿、黄铁矿与磁黄铁矿四种矿物的浮选行为，试验结果如图 7-6 所示。

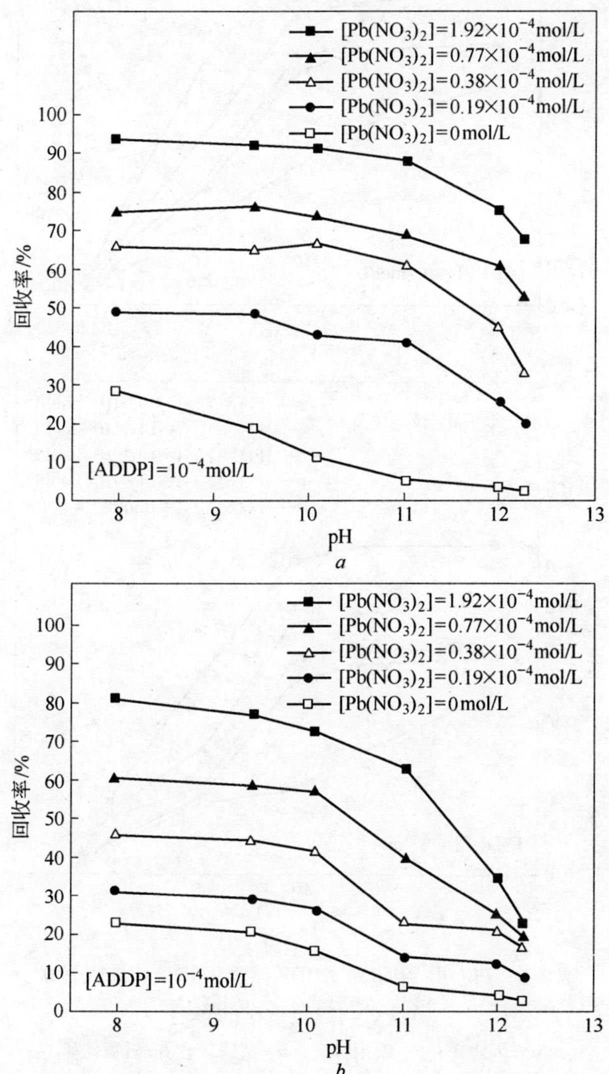

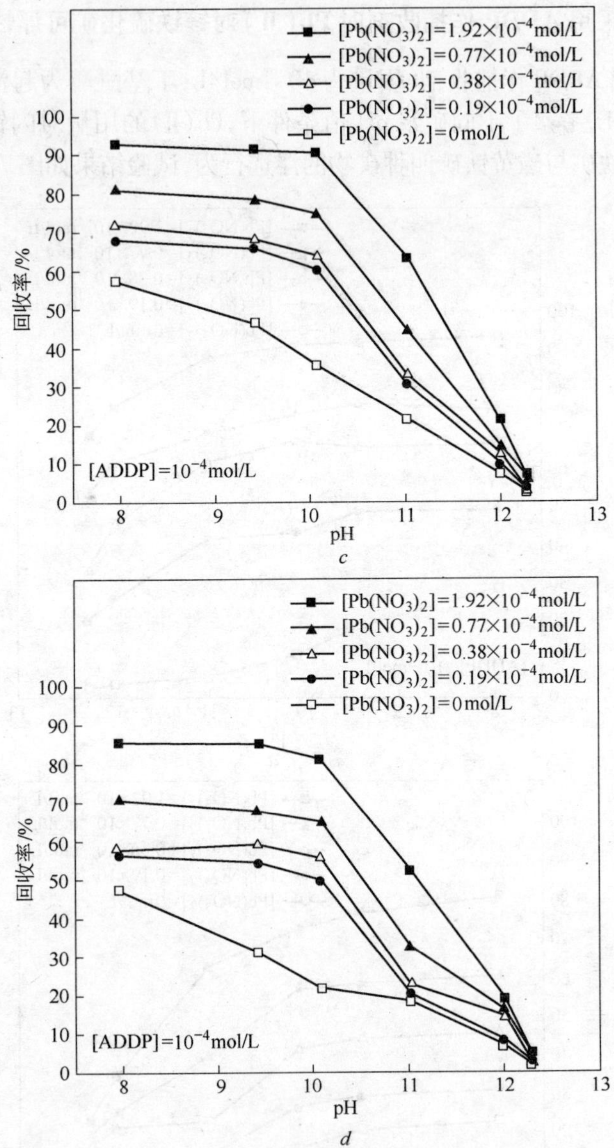


图7-6 Pb(Ⅱ)用量对ADDP浮选闪锌矿、铁闪锌矿、黄铁矿与磁黄铁矿的影响

*a*—闪锌矿；*b*—铁闪锌矿；*c*—黄铁矿；*d*—磁黄铁矿

由图 7-6 可见，在用 ADDP 作捕收剂时，未加入 $Pb(NO_3)_2$ 情况下，闪锌矿、铁闪锌矿以及黄铁矿、磁黄铁矿的浮选回收率都不高，随着 $Pb(NO_3)_2$ 的加入，铁闪锌矿、黄铁矿与磁黄铁矿的浮选回收率在矿浆 pH 值小于 10（矿浆电位 Eh 约为 290～300mV）的条件下大幅提高，而在矿浆 pH 值大于 10（矿浆电位 Eh 约为 290～300mV）的条件下可浮性仍较差，闪锌矿则在整个试验矿浆 pH 值区间表现出良好的可浮性，尤其是在 $Pb(NO_3)_2$ 添加量达 $1.92\times10^{-4}$mol/L(对应于 500g/t)时，其浮选回收率在矿浆 pH 值小于 11（矿浆电位 Eh 约为 240～260mV）的情况下都在 90% 以上，只是在矿浆 pH 值大于 12（矿浆电位 Eh 约小于 180mV）后浮选回收率才下降，此规律与用 DDTC 与 KBX 作捕收剂时的规律一致。

图 7-6 也说明，闪锌矿、铁闪锌矿、黄铁矿与磁黄铁矿的可浮性取决于其表面的活化程度，增大 $Pb(NO_3)_2$ 的浓度能够提高这些矿物的可浮性。对闪锌矿而言，当 $Pb(NO_3)_2$ 的浓度在 $1.92\times10^{-4}$mol/L(对应于 500g/t)时，其上浮率在矿浆 pH 值小于 11（矿浆电位 Eh 约为 240～260mV）的情况下都在 90% 以上，只是在矿浆 pH 值大于 12（矿浆电位 Eh 约小于 180mV）后浮选回收率才下降；对铁闪锌矿、黄铁矿与磁黄铁矿而言，当 $Pb(NO_3)_2$ 的浓度在 $1.92\times10^{-4}$mol/L(对应于 500g/t)时，在矿浆 pH 值小于 10（矿浆电位 Eh 约为 290～300mV）的条件下，都取得了较好的浮选回收率。基于这些数据，在后续关于被 Pb(Ⅱ)活化的锌铁硫化矿的抑制剂研究中 $Pb(NO_3)_2$ 的浓度都取 $1.92\times10^{-4}$mol/L。

## 7.3 被 Pb(Ⅱ)活化后锌铁硫化矿的抑制

尽管锌铁硫化矿的可浮性不是很好，但当其被 Cu(Ⅱ)、Pb(Ⅱ)等重金属离子活化后，在中性及弱碱性条件下，变得极其易浮。这一事实说明，在多金属硫化矿的浮选生产中，尤其是在优先浮选铜、铅等硫化矿时，要尽量克服因各种原因进入矿浆中的 Cu(Ⅱ)、Pb(Ⅱ)等重金属。但在多金属硫化矿的浮选生产中，要完全避免矿浆中的 Cu(Ⅱ)、Pb(Ⅱ)等重金属是很困难的，如所有的多金属硫化矿石都受到一定程度的氧化，只是氧化率高低不同的问题。文献［133，

134] 指出，当加入方铅矿和经氧化的铅矿物时，在批量浮选试验中闪锌矿的回收率得到提高。基于这一事实，本节研究了被Pb(Ⅱ)活化后锌铁硫化矿的抑制。由于丁铵黑药作捕收剂时的浮选行为介于乙硫氮和丁基黄药之间，因此本节仅对乙硫氮和丁基黄药作捕收剂时，经Pb(Ⅱ)活化后锌铁硫化矿的抑制行为进行研究。

前面文献综述提及有关锌铁硫化矿的抑制剂有：氰化物、硫酸锌、硫化钠、亚硫酸及其盐（包括$SO_2$气体）类、硫代硫酸盐、高锰酸钾、铵盐、腐植酸盐、二甲基二硫代氨基甲酸酯。考虑到氰化物、高锰酸钾为不清洁的药剂，铵盐要在大用量条件下才对硫化锌矿物有抑制能力（小用量条件下对被石灰抑制的锌铁硫化矿有活化作用）。二甲基二硫代氨基甲酸酯难以取得，硫代硫酸盐与亚硫酸盐性质相似，因此选用硫酸锌（$2.00\times10^{-4}$mol/L）、亚硫酸钠（$2.00\times10^{-4}$mol/L）、硫化钠（$2.00\times10^{-4}$mol/L）、腐植酸钠（80g/t）四种药剂进行了考察。试验先用$1.92\times10^{-4}$mol/L的$Pb(NO_3)_2$对锌铁硫化矿进行活化，然后添加选定用量的抑制剂，接着添加捕收剂、起泡剂，都按规定的时间搅拌后进行浮选，试验结果如图7-7与图7-8所示。

由图7-7可见，采用乙硫氮作捕收剂时，几种调整剂中，腐植酸钠对闪锌矿与铁闪锌矿不起抑制作用，而在中性及弱碱性范围对黄铁矿与磁黄铁矿起抑制作用，说明腐植酸钠可作为锌-硫分离的

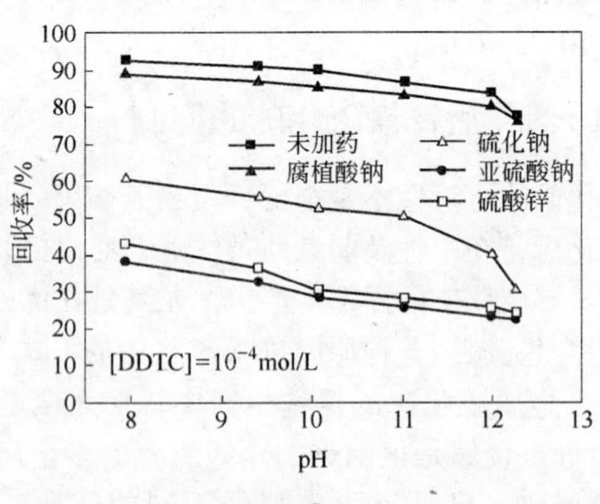

*a*

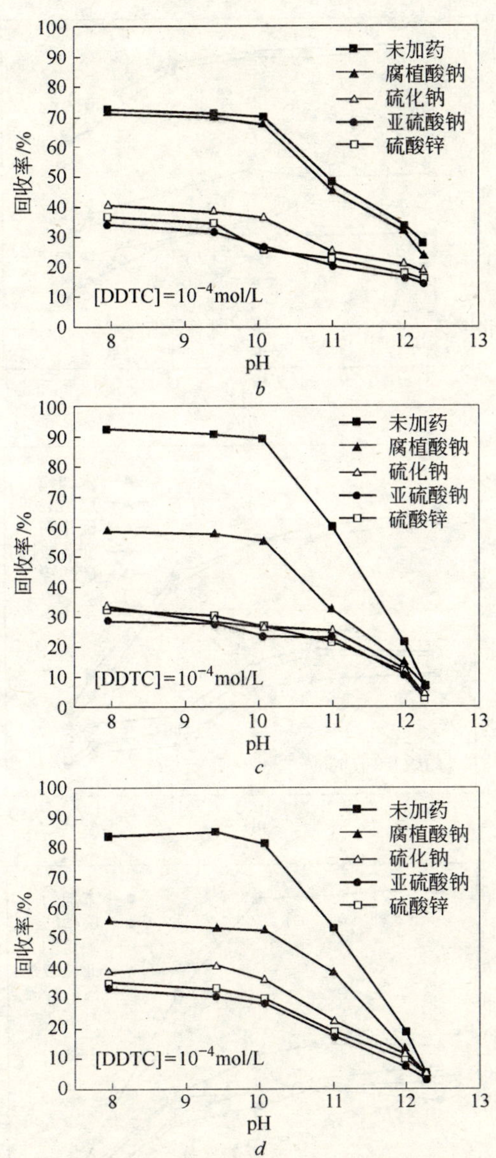


图 7-7 几种调整剂对经 Pb(Ⅱ)活化后闪锌矿、铁闪锌矿、黄铁矿与磁黄铁矿浮选的影响（捕收剂：DDTC）

*a*—闪锌矿；*b*—铁闪锌矿；*c*—黄铁矿；*d*—磁黄铁矿

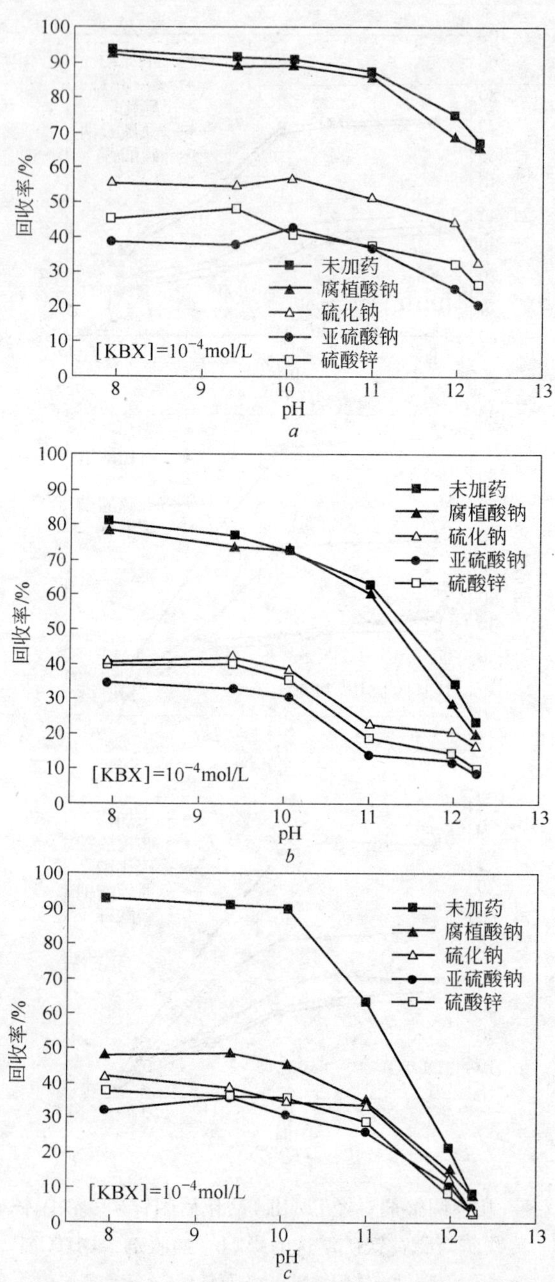
回收率/%
pH
未加药
腐植酸钠
硫化钠
亚硫酸钠
硫酸锌
[KBX]=10⁻⁴mol/L
a
b
c

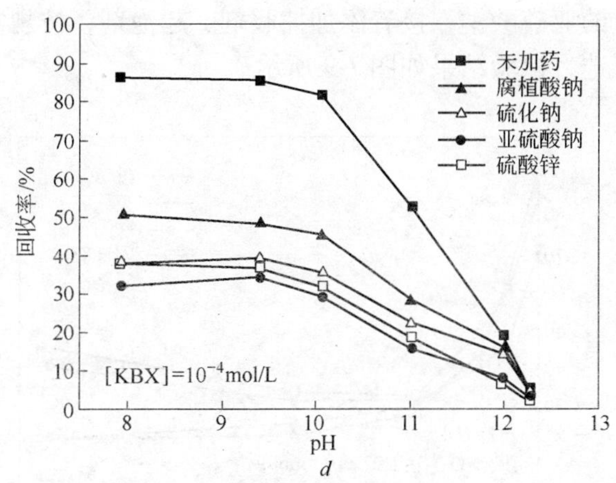


图 7-8　几种调整剂对经 Pb( Ⅱ )活化后闪锌矿、铁闪锌矿、黄铁矿与磁黄铁矿浮选的影响（捕收剂：KBX）
*a*—闪锌矿；*b*—铁闪锌矿；*c*—黄铁矿；*d*—磁黄铁矿

调整剂，而在铅-锌分离时起不到积极作用；硫化钠、亚硫酸钠及硫酸锌对锌铁硫化矿有着显著的抑制作用，尤其是亚硫酸钠与硫酸锌。

由图 7-8 可见，采用丁基黄药作捕收剂时，腐植酸钠对闪锌矿与铁闪锌矿几乎同样不起抑制作用，而在中性及弱碱性范围对黄铁矿与磁黄铁矿起抑制作用；硫化钠、亚硫酸钠及硫酸锌同样对锌铁硫化矿有着显著的抑制作用。

比较硫化钠、亚硫酸钠及硫酸锌对锌铁硫化矿的抑制效果，可见，亚硫酸钠对几种锌铁硫化矿的抑制能力最为稳定。

## 7.4　亚硫酸钠用量对经 Pb(Ⅱ)活化后锌铁硫化矿浮选的影响

亚硫酸盐能显著抑制闪锌矿、铁闪锌矿及黄铁矿与磁黄铁矿，但文献［135，136］提及亚硫酸盐对闪锌矿与黄铁矿的抑制有一个适宜的用量范围，为此，研究了亚硫酸钠用量对经活化后锌铁硫化矿浮选的影响。试验采用石灰水溶液调浆，在矿浆 pH 值为 9.4 左右时，

先用 $1.92\times10^{-4}$mol/L 的 $Pb(NO_3)_2$ 对锌铁硫化矿进行活化，然后添加选定用量的亚硫酸钠，接着添加捕收剂、起泡剂，按规定的时间搅拌后进行浮选，试验结果如图 7-9 所示。

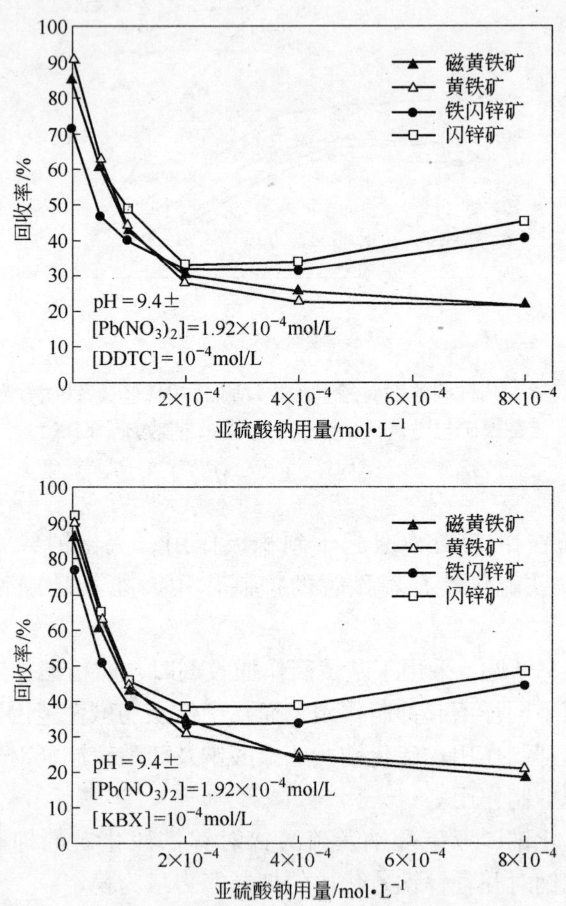


图 7-9　亚硫酸钠用量对经 Pb(Ⅱ)活化后锌铁硫化矿浮选的影响

由图 7-9 可见，锌铁硫化矿经重金属离子活化后，亚硫酸钠对锌铁硫化矿矿物的影响是不同步的。在弱碱性矿浆体系中，采用乙硫氮或丁基黄药作捕收剂时，经 Pb(Ⅱ)活化后的闪锌矿与铁闪锌矿随亚硫酸钠用量的增加，其上浮率下降。而当亚硫酸钠的用量超过 $4\times 10^{-4}$mol/L 后，闪锌矿与铁闪锌矿的上浮率反而稍微增加；经Pb(Ⅱ)活化后的黄铁矿与磁黄铁矿随亚硫酸钠用量的增加，在整个试验亚硫酸钠的用量范围，其上浮率持续下降，并在 $(4\sim 8)\times 10^{-4}$mol/L 范围趋于稳定。

显然，亚硫酸钠可用于经重金属离子活化后的锌铁硫化矿的浮选分离，也可用于铅锌铁硫化矿浮选中优先浮铅的工艺中，以加强对锌铁硫化矿的抑制。

从抑制锌铁硫化矿物的角度看，亚硫酸钠的适宜用量为 $(2\sim 4)\times 10^{-4}$mol/L，而从锌-硫分离的角度看，亚硫酸钠的用量应超过 $4\times 10^{-4}$mol/L。

## 7.5 本章小结

（1）采用乙硫氮、丁基黄药与丁铵黑药作浮选捕收剂时，方铅矿在整个试验矿浆 pH 值范围内都有很好的可浮性，但当矿浆 pH 值大于 12（矿浆电位 Eh 约小于 180mV）后，铅的可浮性略有降低。闪锌矿与铁闪锌矿在矿浆 pH 值低于 9.5（矿浆电位 Eh 约大于 340mV）时有一定的可浮性，而黄铁矿约在矿浆 pH 值大于 11（矿浆电位 Eh 约为 240 ~ 260mV）时才失去可浮性，磁黄铁矿约在矿浆 pH 值大于 10（矿浆电位 Eh 约为 290 ~ 300mV）时才失去可浮性。铁闪锌矿的可浮性明显低于闪锌矿的可浮性，磁黄铁矿也比黄铁矿的可浮性差。

乙硫氮、丁基黄药与丁铵黑药三种捕收剂中，乙硫氮对方铅矿有选择性捕收能力，丁基黄药对几种硫化矿的捕收能力最强，但选择性稍差，丁铵黑药对几种硫化矿的捕收能力要强于乙硫氮，弱于丁基黄药，但同样存在选择性差的问题。

（2）在用乙硫氮、丁基黄药与丁铵黑药作捕收剂时，未加入 $Pb(NO_3)_2$ 的情况下，闪锌矿、铁闪锌矿以及黄铁矿、磁黄铁矿的浮选回收率都不高，随着 $Pb(NO_3)_2$ 的加入，铁闪锌矿、黄铁矿与磁黄铁矿的浮选回收率在矿浆 pH 值小于 10（矿浆电位 Eh 约为 290 ~ 300mV）的条件下大幅提高，而在矿浆 pH 值大于 10（矿浆电位 Eh 约为 290 ~ 300mV）的条件下可浮性仍较差，闪锌矿则在整个试验矿浆pH值区间表现出良好的可浮性，尤其是在$Pb(NO_3)_2$添加量达到$1.92\times10^{-4}$mol/L(对应于500g/t)时，其浮选回收率在矿浆pH值小于11（矿浆电位Eh约为240~260mV）的情况下都在90%以上，只是在矿浆pH值大于12（矿浆电位Eh约小于180mV）后浮选回收率才下降。

(3) 采用乙硫氮、丁基黄药作捕收剂时，腐植酸钠对闪锌矿与铁闪锌矿几乎不起抑制作用，而在中性及弱碱性范围对黄铁矿与磁黄铁矿起抑制作用；硫化钠、亚硫酸钠及硫酸锌对锌铁硫化矿有着显著的抑制作用，其中亚硫酸钠对锌铁硫化矿的抑制作用最强。

(4) 锌铁硫化矿经重金属离子活化后，亚硫酸钠对硫化锌矿物与硫化铁矿物的影响是不同步的。在弱碱性矿浆体系中，采用乙硫氮或丁基黄药作捕收剂时，经Pb(Ⅱ)活化后的闪锌矿与铁闪锌矿随亚硫酸钠用量的增加，其上浮率下降，而当亚硫酸钠的用量超过$4\times10^{-4}$mol/L后，闪锌矿与铁闪锌矿的上浮率反而稍微增加；经Pb(Ⅱ)活化后的黄铁矿与磁黄铁矿随亚硫酸钠用量的增加，在整个试验亚硫酸钠的用量范围，其上浮率持续下降，并在$(4\sim8)\times10^{-4}$mol/L范围趋于稳定。

# 第8章 难选铅锌硫化矿电位调控浮选工艺小型试验研究

## 8.1 难选铅锌硫化矿电位调控浮选工艺设计

硫化矿的浮选矿浆系统本身就是一个非常复杂的系统。由于多方面的因素，矿浆中不可避免地含有对硫化矿具有活化作用的重金属离子，如何有效地避免这些离子的产生或克服这些离子的影响，也是矿物加工工作者的一个重要研究课题。

铅锌铁多金属难选硫化矿石，因受一定程度的氧化，矿浆中难免存在Cu(Ⅱ)、Pb(Ⅱ)，在磨矿过程中，又受到铁质的污染，部分锌铁硫化矿因此而得到活化，其可浮性明显提高。为了克服此类难免离子的影响，早先是采用氰化物，但随着环保意识的增强，必须要有清洁的生产工艺。高碱原生电位调控工艺，不采用外加电场，也不使用氧化-还原药剂调节矿浆电位，而是利用硫化矿磨矿-浮选矿浆中固有的氧化-还原反应调控电位，也即单采用石灰作电位稳定剂，在高矿浆pH值低电位条件下进行铅-锌浮选分离，但此工艺存在的问题是石灰添加困难，同时用量不易掌握，浮选泡沫易发黏或成为“空泡跑槽”，同时影响金、银等贵金属元素的回收，药剂无谓消耗大。由此发展了难选铅锌矿石的清洁高效选矿工艺，该工艺强调浮选环境对矿物可浮性的影响，兼顾铁闪锌矿、磁黄铁矿的可浮性，在铅-锌-硫（铁）浮选分离合适的矿浆pH值与矿浆电位Eh条件下进行电位调控浮选分离，本质是电位调控浮选技术的发展。

难选铅锌硫化矿电位调控选矿工艺设计的目的：

（1）充分利用铅锌铁硫化矿在不同矿浆pH值和矿浆电位Eh条件下的可浮性差异及浮选环境的影响，采用硫化矿电位调控优先浮选工艺，提高分选过程的选择性，实现铅、锌、铁硫化矿的依次优先浮选分离。

（2）采用对环境友好，清洁高效的浮选药剂，利用电位调控方法将矿浆 pH 值和矿浆电位 Eh 维持稳定在合适范围，控制各硫化矿的浮选行为，扩大分选矿物之间的浮游性质差异，以减少浮选药剂的无谓消耗，达到降低药剂成本的目的。

（3）根据锌铁硫化矿在不同矿浆 pH 值和不同电位 Eh 下的浮游性质差异与氧化行为，根据不同的浮选目的，确定适宜的强化抑制与活化方案。

（4）考虑浮选体系中各种氧化-还原行为及其对电位浮选的影响，在浮选药剂的添加方式、浮选时间、流程结构等方面对传统浮选工艺参数进行适当调整，以便使新工艺取得更好的效果。

难选铅锌矿石的清洁高效选矿工艺的主要参数及设计基础如下：

（1）矿浆 pH 值和矿浆电位 Eh。

对难选铅锌矿石，采用电位调控铅-锌（-硫）依次优先浮选工艺（对含铜较少的铅锌多金属硫化矿，先铜铅混浮，即在浮铅时将铜矿物一起上浮，这主要是因为铜铅锌多金属矿中，铜矿物和铅矿物的可浮性与矿物嵌布特征相近）。铅循环（铜铅混浮循环）矿浆 pH 值为 11.8～12.2，与此相适应的矿浆电位 Eh 为 -250～-300mV（电位计直观读数，换算为标准氢标电位为 110～190mV），采用石灰作调整剂以维持矿浆 pH 值和矿浆电位 Eh，添加亚硫酸钠以调节矿浆的氧化还原气氛，进而控制锌铁硫化矿的表面成分，为了避免因亚硫酸钠的过量添加而导致硫化铁矿物恢复活性，同时添加一定量的硫酸锌。对于含硫化铁很多的铅锌矿石，在选锌过程中涉及抑硫浮锌的问题。对此的设计：采用硫酸铜作活化剂，添加亚硫酸钠以调节矿浆的氧化还原气氛，根据铁闪锌矿的含量特征选择适宜的矿浆 pH 值和矿浆电位 Eh 进行浮选。

（2）浮选药剂的选择及加入地点。

选用乙硫氮作优先浮铅（铜铅）的捕收剂，选用丁基黄药作硫化锌矿物的捕收剂。为了克服矿浆中难免离子的影响，铅粗选时，石灰、亚硫酸钠、硫酸锌等电位调整剂直接加入到球磨机中。

（3）浮选时间及流程结构。

与传统铅锌浮选工艺不同，新工艺中铅、锌矿物的浮选速度明显加快，新工艺的浮选时间将要比传统工艺的浮选时间短，尤其是在分选高含量的铅锌矿石时，此时可根据情况设置快速浮选流程。

## 8.2 四川会理难选铅锌矿石的小型试验研究

### 8.2.1 选铅矿浆 pH 值与矿浆电位 Eh 的影响

图 8-1 给出了铅粗选的流程及药剂条件，磨矿细度套用生产现场的细度条件，其中石灰用作矿浆 pH 值和矿浆电位 Eh 的调整剂与稳定剂，DDTC 用作铅矿物捕收剂，表 8-1 给出了石灰用量变化对铅选别结果及铅浮选过程中矿浆 pH 值和矿浆电位 Eh 的影响。

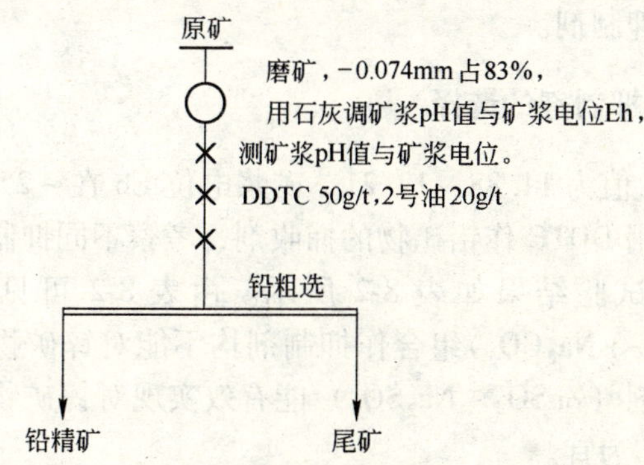


图 8-1 四川会理难选铅锌矿铅粗选流程与药剂条件

**表 8-1 不同石灰用量时矿浆的 pH 值和矿浆电位 Eh 与相应的铅选别结果（四川会理矿）**

| 石灰用量 /kg·t$^{-1}$ | 矿浆 pH 值 | 矿浆电位 Eh①/mV | 产品名称 | 产率/% | 品位/% | | 回收率/% | |
|---|---|---|---|---|---|---|---|---|
| | | | | | Pb | Zn | Pb | Zn |
| 0 | 8.09 | -25.7 | 铅精矿 | 11.86 | 7.20 | 36.8 | 59.71 | 49.88 |
| 1 | 10.08 | -143.8 | 铅精矿 | 10.77 | 8.70 | 35.5 | 65.52 | 43.70 |
| 3 | 11.50 | -228.3 | 铅精矿 | 9.81 | 10.05 | 31.3 | 68.94 | 35.09 |
| 5 | 11.88 | -252.3 | 铅精矿 | 8.58 | 11.84 | 26.2 | 71.05 | 25.69 |
| 6 | 11.93 | -255.6 | 铅精矿 | 8.46 | 12.04 | 26.0 | 71.23 | 25.14 |
| 10 | 12.21 | -272.1 | 铅精矿 | 8.14 | 12.62 | 26.1 | 71.84 | 24.28 |

①此矿浆电位未换算为标准氢标电位。

由表 8-1 可知，随着石灰用量的增大，矿浆 pH 值升高，矿浆电位 Eh 下降，同时铅粗精矿中铅的品位与铅的回收率逐步提高，杂质锌的含量却越来越低。当石灰用量大于 5kg/t 后，矿浆 pH 值在 11.88 ~ 12.21 之间窄幅变化，矿浆电位 Eh 亦稳定在 -252 ~ -272mV之间，此时，铅浮选回收率达到最大值，而杂质锌的含量也达到最低值。可见，方铅矿浮选的电位与矿浆 pH 值，正好是锌矿物被较好抑制的电位 Eh 与矿浆 pH 值。由表 8-1 也可见，单纯采用石灰作矿浆 pH 值和矿浆电位 Eh 的调整剂与稳定剂，所得铅粗精矿中锌杂质含量均较高，显然，要实现铅锌优先浮选分离，必须要考察锌铁硫化矿的高效抑制剂。

### 8.2.2 锌矿物抑制剂的选择

在矿浆 pH 值为 11.88 ~ 12.21，矿浆电位 Eh 在 -252 ~ -272mV 的条件下，采用 DDTC 作铅矿物的捕收剂，考察不同抑制剂方案对铅粗选的影响，试验结果如表 8-2 所示。由表 8-2 可见，单纯采用 $ZnSO_4$ 与($ZnSO_4 + Na_2CO_3$)组合作抑制剂均不能对锌矿物进行有效抑制，组合抑制剂（$ZnSO_4 + Na_2SO_3$）能有效实现对锌矿物的抑制，其用量以 1800g/t 为宜。

**表 8-2 不同抑制剂对铅粗选的影响**（四川会理矿）（%）

| 抑制剂方案 | 产品名称 | 产率 | 品位 | | 回收率 | |
|---|---|---|---|---|---|---|
| | | | Pb | Zn | Pb | Zn |
| $ZnSO_4$ 800g/t | 铅精矿 | 4.98 | 19.94 | 23.56 | 69.93 | 13.42 |
| $ZnSO_4$ 1000g/t | 铅精矿 | 4.94 | 19.98 | 22.21 | 63.63 | 12.57 |
| $ZnSO_4$ 800g/t + $Na_2CO_3$ 1000g/t | 铅精矿 | 5.35 | 16.89 | 24.23 | 71.16 | 14.85 |
| $ZnSO_4$ 800g/t + DS 300g/t | 铅精矿 | 5.68 | 17.21 | 23.78 | 68.35 | 15.44 |
| $ZnSO_4$ 800g/t + $NH_4Cl$ 1000g/t | 铅精矿 | 5.92 | 15.66 | 22.02 | 64.83 | 14.89 |
| $ZnSO_4$ 800g/t + $Na_2SO_3$ 700g/t | 铅精矿 | 5.03 | 20.23 | 18.62 | 72.71 | 10.72 |
| $ZnSO_4$ 800g/t + $Na_2SO_3$ 1000g/t | 铅精矿 | 4.48 | 23.21 | 17.39 | 72.71 | 8.90 |

### 8.2.3 选铅捕收剂的选择

采用（$ZnSO_4 + Na_2SO_3$）作锌矿物的抑制剂，在矿浆 pH 值为

11.88~12.21，矿浆电位 Eh 在 -252 ~ -272mV 的条件下，考察不同捕收剂方案对铅粗选的影响，试验结果如表 8-3 所示。由表 8-3 可见，单纯采用 DDTC 作铅矿物捕收剂，其选择性要比 KBX、苯胺黑药及（DDTC + KBX）组合要强，且适宜的药剂用量为 50g/t。

**表 8-3 不同捕收剂对铅粗选的影响（四川会理矿）（%）**

| 捕收剂方案 | 产品名称 | 产率 | 品位 | | 回收率 | |
|---|---|---|---|---|---|---|
| | | | Pb | Zn | Pb | Zn |
| DDTC 50g/t | 铅精矿 | 4.48 | 23.21 | 17.39 | 72.71 | 8.90 |
| DDTC 30g/t + KBX 20g/t | 铅精矿 | 6.51 | 14.44 | 29.50 | 65.73 | 21.95 |
| KBX 50g/t | 铅精矿 | 7.09 | 12.32 | 31.46 | 61.08 | 25.49 |
| 苯胺黑药 50g/t | 铅精矿 | 2.81 | 12.10 | 7.60 | 23.74 | 2.45 |
| 苯胺黑药 100g/t | 铅精矿 | 5.68 | 16.36 | 18.78 | 64.98 | 12.19 |

### 8.2.4 四川会理难选铅锌矿石小型闭路试验

在开路试验基础上，进行了电位调控抑锌浮铅优先浮选分离的实验室小型闭路流程试验，闭路流程选铅为一粗二扫四精，选锌为一粗二扫一精，中矿循序返回，试验结果如表 8-4 所示。

**表 8-4 四川会理难选铅锌矿石抑锌浮铅电位调控新工艺小型闭路试验结果（%）**

| 产 品 | 产率 | 品位 | | 回收率 | | 浮选条件 |
|---|---|---|---|---|---|---|
| | | Pb | Zn | Pb | Zn | |
| 铅精矿 | 1.298 | 74.940 | 5.19 | 66.81 | 0.67 | 选 Pb：磨矿细度 74μm 占 83%，CaO 5kg/t，（$ZnSO_4$ + $Na_2SO_3$）3kg/t，pH = 11.8，矿浆电位 -250mV，乙硫氮 80g/t，松醇油 40g/t。选 Zn：pH = 11.8，丁黄药 200g/t，松醇油 80g/t |
| 锌精矿 | 13.298 | 1.090 | 57.00 | 10.01 | 86.72 | |
| 尾 矿 | 85.404 | 0.395 | 1.29 | 23.18 | 12.61 | |
| 原 矿 | 100.000 | 1.456 | 8.74 | 100.00 | 100.00 | |

小型闭路流程试验结果表明，采用电位调控铅锌优先浮选分离工艺可获得含铅 74.94%，含锌 5.19%，回收率 66.81% 的铅精矿；含锌 57.0%，含铅 1.09%，回收率 86.72% 的锌精矿。这一指标与该矿生产指标历年来最好的 1999 年度的生产指标相比，精矿质量与主金属回收率均有显著提高。

## 8.3 四川省会东铅锌矿石的小型试验研究

### 8.3.1 选铅矿浆 pH 值与矿浆电位 Eh 的影响

图 8-2 给出了铅粗选的流程及药剂条件，磨矿细度套用生产现场的细度条件，其中石灰用作矿浆 pH 值和矿浆电位 Eh 的调整剂与稳定剂，DDTC 用作铅矿物捕收剂，表 8-5 给出了石灰用量变化对铅选别结果及铅浮选过程中矿浆 pH 值和矿浆电位 Eh 的影响。

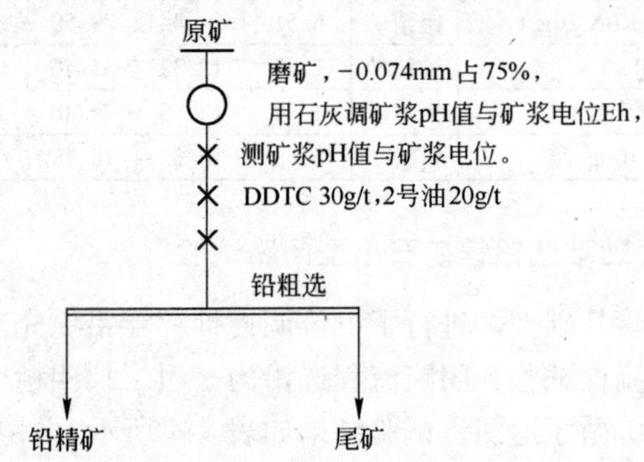


图 8-2 四川省会东铅锌矿铅粗选流程与药剂条件

**表 8-5 不同石灰用量时矿浆的 pH 值和矿浆电位 Eh 与相应的铅选别结果（四川省会东矿）**

| 石灰用量 /kg·t$^{-1}$ | 矿浆 pH 值 | 矿浆电位 Eh①/mV | 产品名称 | 产率/% | 品位/% | | 回收率/% | |
|---|---|---|---|---|---|---|---|---|
| | | | | | Pb | Zn | Pb | Zn |
| 0 | 7.93 | -16.3 | 铅精矿 | 2.72 | 11.16 | 30.79 | 67.31 | 5.89 |
| 0.5 | 9.40 | -104.7 | 铅精矿 | 2.10 | 14.23 | 28.67 | 69.50 | 4.23 |
| 4 | 11.74 | -245.6 | 铅精矿 | 1.60 | 18.13 | 22.73 | 67.31 | 2.56 |
| 5 | 11.88 | -252.3 | 铅精矿 | 1.59 | 18.68 | 17.36 | 68.75 | 1.94 |
| 6 | 12.00 | -259.2 | 铅精矿 | 1.62 | 18.01 | 16.16 | 67.21 | 1.84 |

①此矿浆电位未换算为标准氢标电位。

由表 8-5 可见，矿浆 pH 值低时，铅回收率虽不低，但铅粗精矿中铅品位明显较低，且铅精矿中的锌含量较高，不利于后续作业获得合格的铅精矿。矿浆 pH 值大于 11.74（矿浆电位 Eh 小于 −245.6mV）后，铅回收率仍有 67% 以上，并没有受到 pH 值升高（矿浆电位降低）的影响。

由表 8-5 说明：在矿浆电位 Eh 位于 −245.6 ~ −259.2mV 区间，方铅矿可浮性较好，而锌铁硫化矿基本得到抑制，可以通过调节矿浆 pH 值与矿浆电位 Eh，实现四川省会东铅锌矿的浮选分离。

铅粗选精矿中仍含有一定的杂质，可在铅粗选过程中通过添加其他调整剂改变其表面状态，使这部分可浮性较好的矿物失去活性而得到抑制。

### 8.3.2　选铅捕收剂用量条件试验

固定矿浆 pH = 11.88 ~ 12.00，矿浆电位 Eh 为 −252.3 ~ −259.2mV，考察了 DDTC 用量对铅矿物回收的影响，试验流程如图8-2所示，试验结果如表 8-6 所示。

表 8-6　选铅捕收剂种类试验结果（%）

| 捕收剂种类及用量 | 产品名称 | 产率 | 品位 | | 回收率 | |
|---|---|---|---|---|---|---|
| | | | Pb | Zn | Pb | Zn |
| DDTC 20g/t | 铅精矿 | 1.48 | 18.63 | 16.58 | 64.42 | 1.73 |
| DDTC 30g/t | 铅精矿 | 1.59 | 18.68 | 17.36 | 68.75 | 1.94 |
| DDTC 40g/t | 铅精矿 | 2.24 | 13.47 | 24.28 | 69.87 | 3.82 |
| DDTC 50g/t | 铅精矿 | 2.46 | 12.27 | 24.63 | 70.20 | 4.26 |
| DDTC 15g/t + KBX 15g/t | 铅精矿 | 2.46 | 10.73 | 18.76 | 61.10 | 3.25 |
| 苯胺黑药 30g/t | 铅精矿 | 2.32 | 10.10 | 16.17 | 54.24 | 2.64 |

由表 8-6 可见，随 DDTC 用量的增加，铅回收率增加，但铅精矿品位降低，锌含量增加，所以捕收剂用量 30g/t 较为适宜。为了比较其他捕收剂对铅锌的捕收效果，安排进行了（DDTC + KBX）（1∶1）组合捕收剂与苯胺黑药的试验方案，试验结果同样列于表 8-6 中，但试验结果并不理想。

### 8.3.3 铅循环锌铁抑制剂的选择与用量条件试验

固定矿浆 pH 值为 11.88 ~ 12.00，DDTC 用量 30g/t，进行了锌铁硫化矿抑制剂种类及用量条件试验，试验流程如图 8-2 所示，试验结果如表 8-7 所示。

**表 8-7 抑制剂种类及用量试验（%）**

| 抑制剂种类及用量 | 产品名称 | 产率 | 品位 | | 回收率 | |
|---|---|---|---|---|---|---|
| | | | Pb | Zn | Pb | Zn |
| $Na_2SO_3$ 800g/t | 铅精矿 | 1.56 | 19.14 | 16.56 | 69.17 | 1.82 |
| $ZnSO_4$ 800g/t | 铅精矿 | 1.59 | 18.68 | 17.36 | 68.75 | 1.94 |
| $ZnSO_4$ 800g/t + $Na_2CO_3$ 1000g/t | 铅精矿 | 1.60 | 18.12 | 17.42 | 67.11 | 1.96 |
| $ZnSO_4$ 400g/t + $Na_2SO_3$ 400g/t | 铅精矿 | 1.50 | 18.03 | 16.66 | 66.62 | 1.87 |
| $ZnSO_4$ 800g/t + $Na_2SO_3$ 800g/t | 铅精矿 | 2.10 | 20.68 | 15.72 | 69.42 | 1.60 |

由表 8-7 可见，在 pH = 12 的条件下，添加了锌铁硫化矿的组合抑制剂（$ZnSO_4$ + $Na_2SO_3$）后，铅粗精矿中的锌含量明显降低。可见，添加组合抑制剂（$ZnSO_4$ + $Na_2SO_3$）更有利于对锌铁硫化矿的抑制。

### 8.3.4 实验室锌循环条件试验

选锌的给矿为铅循环选铅后的尾矿。锌循环进行了补加石灰用量、硫酸铜用量、捕收剂丁黄药用量及捕收剂丁黄药磁化处理等条件试验，结果表明，补加一些石灰使选锌泡沫稳定，有利于锌的回收。硫酸铜及丁黄药的适宜用量分别为 600 ~ 800g/t 和 120 ~ 150g/t。

### 8.3.5 四川省会东铅锌矿实验室小型闭路试验

在实验室各条件试验、精选试验及开路试验的基础上，进行了小型闭路试验，其工艺流程及药剂制度如图 8-3 所示，试验结果如表 8-8所示。

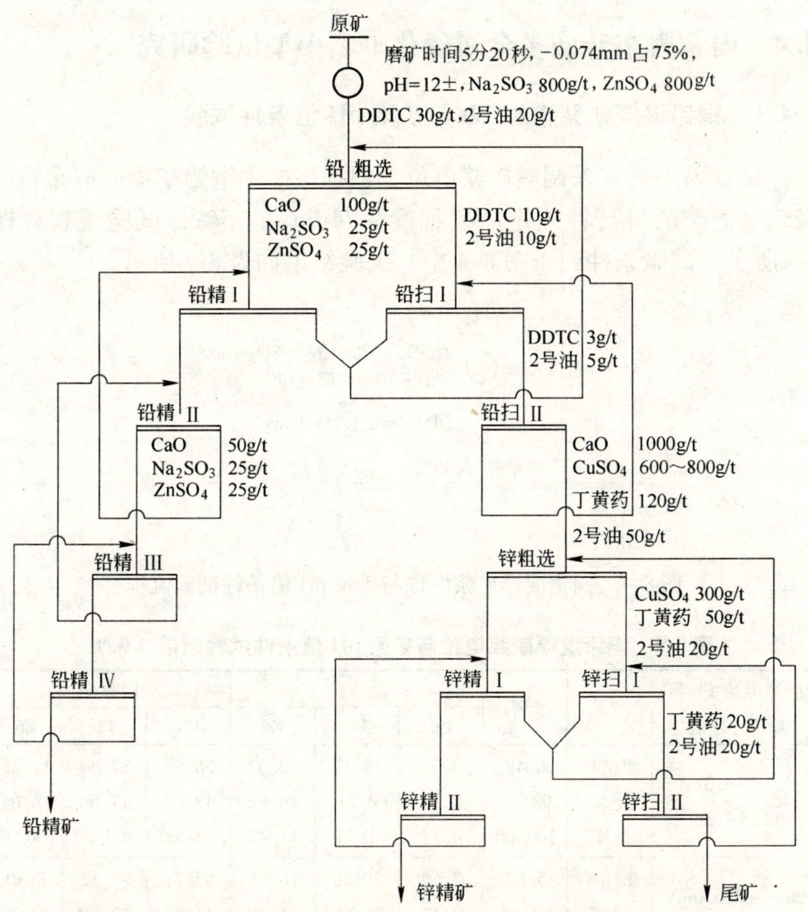


图 8-3 四川省会东铅锌矿实验室小型闭路试验流程与药剂条件

**表 8-8 四川省会东铅锌矿实验室小型闭路试验结果（%）**

| 产品名称 | 产 率 | 品位 | | 回收率 | |
|---|---|---|---|---|---|
| | | Pb | Zn | Pb | Zn |
| 铅精矿 | 0.42 | 60.42 | 6.42 | 58.74 | 0.19 |
| 锌精矿 | 23.11 | 0.21 | 58.03 | 11.17 | 94.24 |
| 尾 矿 | 76.47 | 0.17 | 1.03 | 30.09 | 5.57 |
| 原 矿 | 100.00 | 0.432 | 14.23 | 100.00 | 100.00 |

## 8.4 内蒙古东升庙多金属硫化矿石小型试验研究

### 8.4.1 铜铅混浮矿浆电位 Eh 与矿浆 pH 值条件试验

试验采用石灰来调整矿浆电位，根据该矿中铜铅矿物的嵌布粒度及现场磨矿的可行性确定磨矿细度 -74μm 占 75%，试验流程如图 8-4所示，试验条件列于图 8-4 中，试验结果如表 8-9 所示。

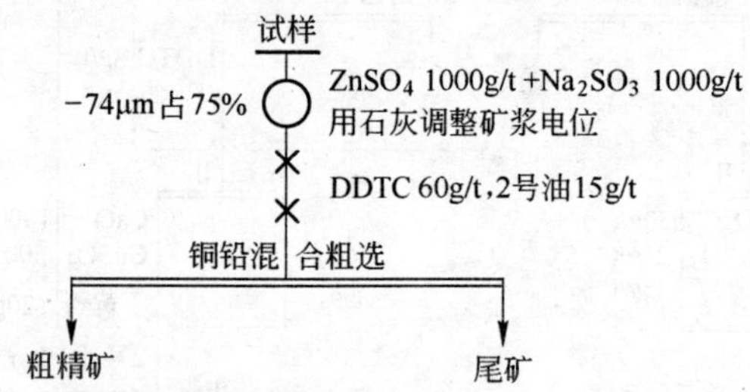


图 8-4 铜铅混浮矿浆电位与矿浆 pH 值条件试验流程

表 8-9 铜铅混浮矿浆电位与矿浆 pH 值条件试验结果（%）

| 矿浆电位 Eh 与矿浆 pH 值 | 产品 | 产率 | 品位 | | | 回收率 | | |
|---|---|---|---|---|---|---|---|---|
| | | | Cu | Pb | Zn | Cu | Pb | Zn |
| Eh = -4.3mV pH = 7.34 | 粗精矿 | 6.48 | 3.25 | 18.17 | 20.02 | 56.98 | 82.34 | 11.36 |
| | 尾矿 | 93.52 | 0.17 | 0.27 | 10.82 | 43.02 | 17.66 | 88.64 |
| | 原矿 | 100.00 | 0.37 | 1.43 | 11.42 | 100.00 | 100.00 | 100.00 |
| Eh = -226.0mV pH = 11.10 | 粗精矿 | 5.62 | 3.60 | 20.80 | 16.85 | 55.77 | 82.32 | 8.30 |
| | 尾矿 | 94.38 | 0.17 | 0.27 | 11.09 | 44.23 | 17.68 | 91.70 |
| | 原矿 | 100.00 | 0.36 | 1.42 | 11.41 | 100.00 | 100.00 | 100.00 |
| Eh = -252.9mV pH = 11.54 | 粗精矿 | 4.97 | 4.12 | 23.42 | 16.52 | 56.88 | 82.56 | 7.20 |
| | 尾矿 | 95.03 | 0.16 | 0.26 | 11.14 | 43.12 | 17.44 | 92.80 |
| | 原矿 | 100.00 | 0.36 | 1.41 | 11.41 | 100.00 | 100.00 | 100.00 |
| Eh = -278.4mV pH = 11.97 | 粗精矿 | 4.41 | 4.88 | 26.93 | 15.27 | 58.13 | 83.63 | 5.89 |
| | 尾矿 | 95.59 | 0.16 | 0.24 | 11.25 | 41.97 | 16.37 | 94.11 |
| | 原矿 | 100.00 | 0.37 | 1.42 | 11.43 | 100.00 | 100.00 | 100.00 |
| Eh = -301.2mV pH = 12.15 | 粗精矿 | 4.03 | 5.12 | 28.90 | 15.21 | 57.32 | 82.61 | 5.38 |
| | 尾矿 | 95.97 | 0.16 | 0.26 | 11.24 | 42.68 | 17.39 | 94.62 |
| | 原矿 | 100.00 | 0.36 | 1.41 | 11.40 | 100.00 | 100.00 | 100.00 |

由表8-9可见，随矿浆电位的降低，矿浆pH值的增大，铜铅混合粗精矿中铜铅品位同时升高，回收率也有所增大，但当矿浆电位达到并超过-278.4mV以后，再降低矿浆电位，粗精矿中锌品位降幅有限，但铜回收率有所下降，因此，适宜的浮选矿浆电位在-275～-300mV，对应矿浆pH值为12左右。

## 8.4.2 捕收剂的用量条件试验

固定浮选矿浆电位在-275～-300mV，$ZnSO_4$ 1000g/t，$Na_2SO_3$ 1000g/t，2号油15g/t，改变乙硫氮的用量，考察捕收剂的用量对铜铅混合浮选的影响，试验流程如图8-4所示，试验结果如图8-5所示。

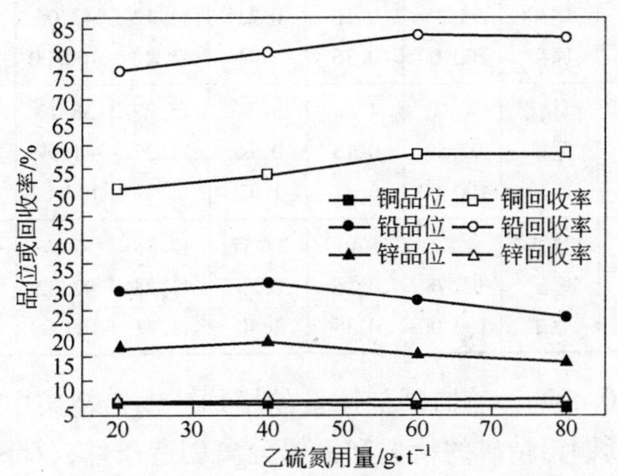


图8-5 DDTC用量对铜铅粗选的影响

由图8-5可见，随捕收剂用量的增加，铜铅的回收率也随之增加，但超过60g/t以后，回收率增加幅度已很小，且会影响精矿品位，所以捕收剂量控制在60g/t较合适。

## 8.4.3 抑制剂对分选的影响

铜铅锌硫化矿属于复杂硫化矿，铜铅与锌之间很难分离，其主要影响因素除矿浆电位（矿浆pH值）以外，$ZnSO_4$ 和 $Na_2SO_3$ 组合使用对矿石中的锌硫具有很好的抑制作用，能降低铜铅混合精矿中的锌含量，为后续铜铅分离创造良好的条件。因此，进行了 $ZnSO_4$ 和

$Na_2SO_3$ 组合抑制剂的用量条件试验，试验流程如图 8-4 所示，其他条件：矿浆电位在 －275 ~ －300mV，DDTC 60g/t，2 号油 15g/t，试验结果如表 8-10 所示。

**表 8-10 抑制剂用量条件试验结果（%）**

| 抑制剂用量 /g·t$^{-1}$ | 产品 | 产率 | 品位 | | | 回收率 | | |
|---|---|---|---|---|---|---|---|---|
| | | | Cu | Pb | Zn | Cu | Pb | Zn |
| $ZnSO_4+Na_2SO_3$ 0+0 | 粗精矿 | 4.81 | 4.29 | 24.21 | 23.36 | 57.53 | 82.47 | 9.84 |
| | 尾矿 | 95.19 | 0.16 | 0.26 | 10.81 | 42.47 | 17.53 | 90.16 |
| | 原矿 | 100.00 | 0.36 | 1.41 | 11.41 | 100.00 | 100.00 | 100.00 |
| $ZnSO_4+Na_2SO_3$ 600+600 | 粗精矿 | 4.65 | 4.52 | 25.30 | 17.49 | 57.94 | 83.15 | 7.12 |
| | 尾矿 | 95.35 | 0.16 | 0.25 | 11.12 | 42.06 | 16.85 | 92.88 |
| | 原矿 | 100.00 | 0.36 | 1.41 | 11.42 | 100.00 | 100.00 | 100.00 |
| $ZnSO_4+Na_2SO_3$ 1000+1000 | 粗精矿 | 4.41 | 4.88 | 26.93 | 15.27 | 58.13 | 83.63 | 5.89 |
| | 尾矿 | 95.59 | 0.16 | 0.24 | 11.25 | 41.97 | 16.37 | 94.11 |
| | 原矿 | 100.00 | 0.37 | 1.42 | 11.43 | 100.00 | 100.00 | 100.00 |
| $ZnSO_4+Na_2SO_3$ 1200+1200 | 粗精矿 | 4.22 | 5.01 | 27.57 | 14.38 | 57.98 | 82.93 | 5.32 |
| | 尾矿 | 95.78 | 0.16 | 0.25 | 11.28 | 42.02 | 17.07 | 94.68 |
| | 原矿 | 100.00 | 0.36 | 1.40 | 11.41 | 100.00 | 100.00 | 100.00 |

从表 8-10 可见，随抑制剂用量的增加，铜铅精矿中的锌含量降低，可为后续铜铅精矿的精选和铜铅分离创造条件，$ZnSO_4+Na_2SO_3$ 控制在 1000g/t + 1000g/t 较合适。

因铜铅分离不是本书研究的主题，本书不进行深入说明。

### 8.4.4 选锌循环试验

铜铅混合浮选尾矿中的锌由于要强化铜铅与锌硫的有效分离，受到了强烈的抑制，必须要活化后才能浮选回收。为此，本书采用硫酸铜作活化剂，丁黄药作捕收剂，并采用以 $Na_2SO_3$ 为主要成分的组合抑制剂抑硫浮锌，调优试验获得锌粗选各药剂适宜用量为：硫酸铜 400g/t，组合抑制剂 1000g/t，丁黄药 80g/t，2 号油 30g/t，矿浆电位在 －290 ~ －310mV。在此条件下，可获得含锌 51.24%、含铅 0.24%、含铜 0.12%、锌回收率为 78.36% 的锌精矿。

选锌后尾矿可浮选回收硫，因此工艺成熟，本书不进行深入介绍。

### 8.4.5 内蒙古东升庙多金属硫化矿实验室小型闭路试验

在开路试验基础上，进行了铜铅混浮-铜铅分离-抑硫浮锌电位调控浮选的实验室小型闭路试验，试验流程与药剂制度如图8-6所示，

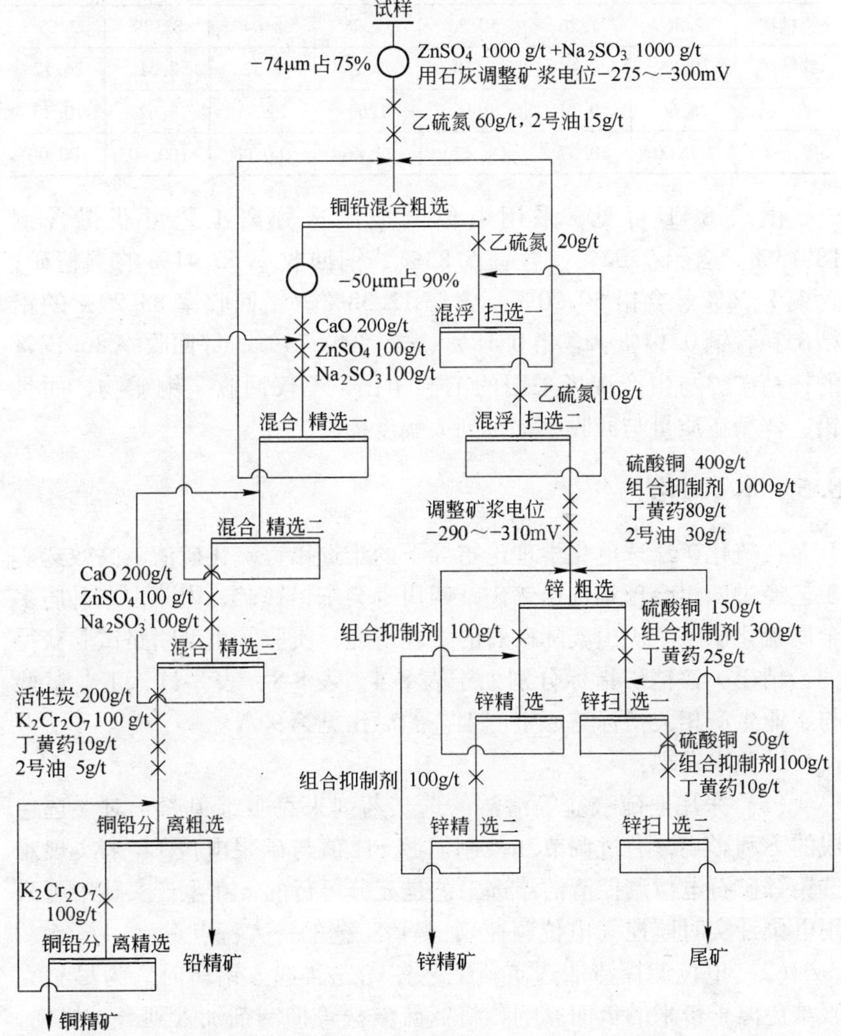


图8-6 铜铅混浮-铜铅分离-抑硫浮锌电位调控浮选闭路试验流程

结果如表8-11所示。

**表8-11 内蒙古东升庙多金属硫化矿实验室小型闭路试验结果（%）**

| 产品 | 产率 | 品位 | | | 回收率 | | |
|---|---|---|---|---|---|---|---|
| | | Cu | Pb | Zn | Cu | Pb | Zn |
| 铜精矿 | 1.13 | 18.13 | 7.02 | 5.83 | 55.41 | 5.58 | 0.58 |
| 铅精矿 | 2.36 | 1.26 | 50.20 | 12.38 | 8.04 | 83.29 | 2.55 |
| 锌精矿 | 19.85 | 0.14 | 0.18 | 49.75 | 7.52 | 2.51 | 86.17 |
| 尾矿 | 76.66 | 0.14 | 0.16 | 1.60 | 29.03 | 8.62 | 10.70 |
| 原矿 | 100.00 | 0.37 | 1.42 | 11.46 | 100.00 | 100.00 | 100.00 |

由表8-11可见，采用电位调控浮选分离工艺可获得含铜18.13%、含铅7.02%、含锌5.83%、铜回收率55.41%的铜精矿；含铜1.26%、含铅50.20%、含锌12.38%、铅回收率83.29%的铅精矿和含铜0.14%、含铅0.18%、含锌49.75%、锌回收率86.17%的锌精矿。与生产现场采用的工艺相比，不仅回收了铜矿物，而且铅、锌精矿质量与回收率都得到大幅度提高。

## 8.5 本章小结

在硫化矿浮选电化学理论指导下的难选铅锌硫化矿清洁高效选矿工艺经过四川会理难选铅锌矿、四川省会东铅锌矿、内蒙古东升庙多金属硫化矿三个矿山实际矿石的实验研究，实验室小型闭路试验获得的铅精矿、锌精矿指标分别列于表8-4、表8-8、表8-11，工业试验与工业生产相关指标与原生产工艺的对比见第9章。

试验中发现：

（1）采用亚硫酸盐等清洁的选矿药剂来克服难免离子对浮选造成的不利影响，通过调节和控制矿浆pH值与矿浆电位Eh来实现难选铅锌矿石电位调控清洁浮选工艺是充分可行的，在生产实践中可采用电位计实时监控（电位调控），是该工艺的一大特点。

（2）电位调控清洁选矿新工艺在优先浮选方铅矿时，为尽早克服难免离子带来的负面影响，将亚硫酸盐等抑制剂加入到磨矿机中，是新工艺的一大创新。

(3) 在优先浮铅时采用了高效的（$Na_2SO_3$ + $ZnSO_4$）组合抑制剂，使得浮选方铅矿的矿浆 pH 值（11.8～12.2）比高碱原生电位工艺所要求的矿浆 pH 值（12.5～12.8）低，因此可大幅减少石灰的无谓消耗，并减少后续浮锌时捕收剂与活化剂的无谓消耗。高碱原生电位工艺所要求的矿浆 pH 值（12.5～12.8）在生产现场往往要添加大量的石灰（石灰用量多达 10～16kg/t），而因石灰浆存在一缓冲区，在单用石灰调整矿浆 pH 值与矿浆电位 Eh 时，因不易把握其添加量，往往由于石灰过量添加而造成药剂（石灰及后续选锌时的捕收剂与活化剂）的无效损耗增大。

# 第 9 章 难选铅锌硫化矿电位调控选矿工艺在矿业公司的实际应用

## 9.1 四川会理锌矿有限责任公司的实际应用

四川会理锌矿有限责任公司是由原四川会理锌矿改制而成的矿业公司，地处四川攀西资源开发区腹地，矿区开采历史悠久，早在清康熙四十一年（公元 1702 年）就设立官办银厂[137]，是一个有数百年生产历史的矿山，现代化的矿山始建于 1951 年，经过几代人的努力，矿山已经由一家投资 6.3 万元的作坊式小厂，发展成为资产总额 1.61 亿元，日采选原矿 1000t，年产铅、锌精矿金属含量 2 万余吨，并具有较高技术装备水平的中型企业，成为四川省“有色金属矿采选业最大市场占有份额首强”，在四川省有色金属采选业中具有重要地位。

四川会理锌矿矿体赋存于震旦系灯影组中段上部白云岩中，矿体的主要围岩为硅质、砂质、结晶、条带状硅质白云岩等碳酸盐岩石。矿石类型比较复杂，主要有块状、角砾状、细脉浸染状和网脉细脉状矿石，其中以细脉浸染状为主，约占全部矿石的 65%。

矿石中的金属硫化矿物有闪锌矿、方铅矿、黄铁矿、黄铜矿、银黝铜矿、硫锑银铜矿、深红银矿等；金属氧化矿物有菱锌矿、白铅矿、硅锌矿与异极矿、褐铁矿、磁铁矿、菱铁矿、金红石等；脉石矿物主要是方解石、白云石、绢云母、石英、绿帘石、蛇纹石等。原矿含铅 1.0% ~1.5%、锌 7% ~10%、银 70 ~100g/t。四川会理锌矿选矿厂建厂初期采用优先浮选、铅锌重选分离，生产铅精矿、锌精矿、铅锌混合精矿三种产品。由于原矿性质复杂，所选流程对矿石性质不适应，所以选别指标极差，加之铅锌混合精矿销售极为困难，使企业的经济效益受到严重影响。1994 年起选矿厂采用该矿与北京矿冶研究总院联合开发出的等可浮流程组织生产，最终产品中取消了铅锌混合精矿，只生产铅、锌单一精矿[138]。但是由于原矿性质复杂，铅锌分离的难度太大，所采用的流程仍然不能适应矿石特性，同时该工艺难以操作管理，使得产出的铅、锌精矿质量仍然较差。突出的表现在于铅精矿中含锌极高，这不仅使大量的闪锌矿损失在铅精矿中而使锌的回收率受到影响，同时还因铅选别差，未浮尽的铅矿物进入选锌循环而影响锌精矿的质量，如 1995 年锌精矿中含铅 2.77%、1996 年为 1.99%[139]。这种铅、锌精矿中铅、锌互含严重的现象，不仅使精矿产品难以销售，而且同样影响到矿产资源的综合利用和企业的经济效益。另外，由于选铅时采用的苯胺黑药不仅影响到司药工人的身体健康，而且因选矿废水最终进入安宁河，使居其下游的攀枝花市居民产生了强烈的健康忧患。北京矿冶研究总院选矿工艺流程图如图 9-1 所示。

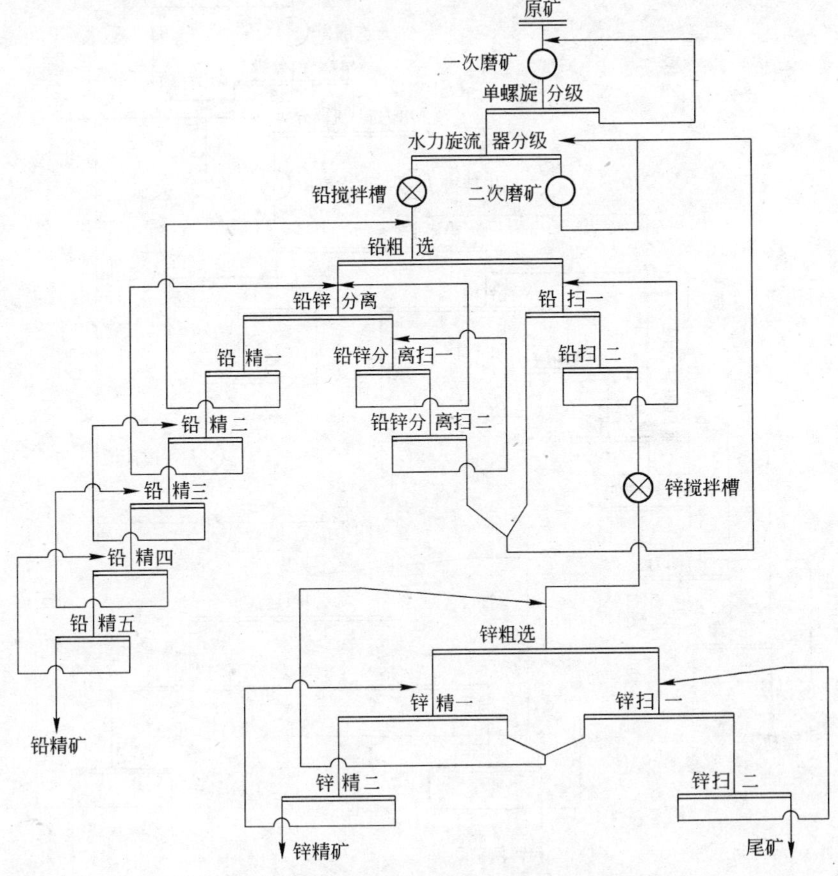


图 9-1 北京矿冶研究总院浮选工艺流程

针对四川会理锌矿难选铅锌矿石的电位调控浮选工艺的工业试验于2002年12月完成，工业试验工艺流程图如图9-2所示，工业试验指标如表9-1所示。工业试验成功后，即转入工业生产，工业生产阶段省去了原工艺中存在的铅锌分离扫选一作业与铅锌分离扫选二作业，使浮选流程变短，节省了电耗，药剂用量也比原工艺少。按四川会理锌矿供销部提供的价格计算，吨矿选矿药剂成本可降低2元左右。表9-1同时也列出了2003年度新工艺的生产指标，新工艺与原工艺的药剂消耗情况如表9-2所示。新工艺实施后四川会理锌矿选铅

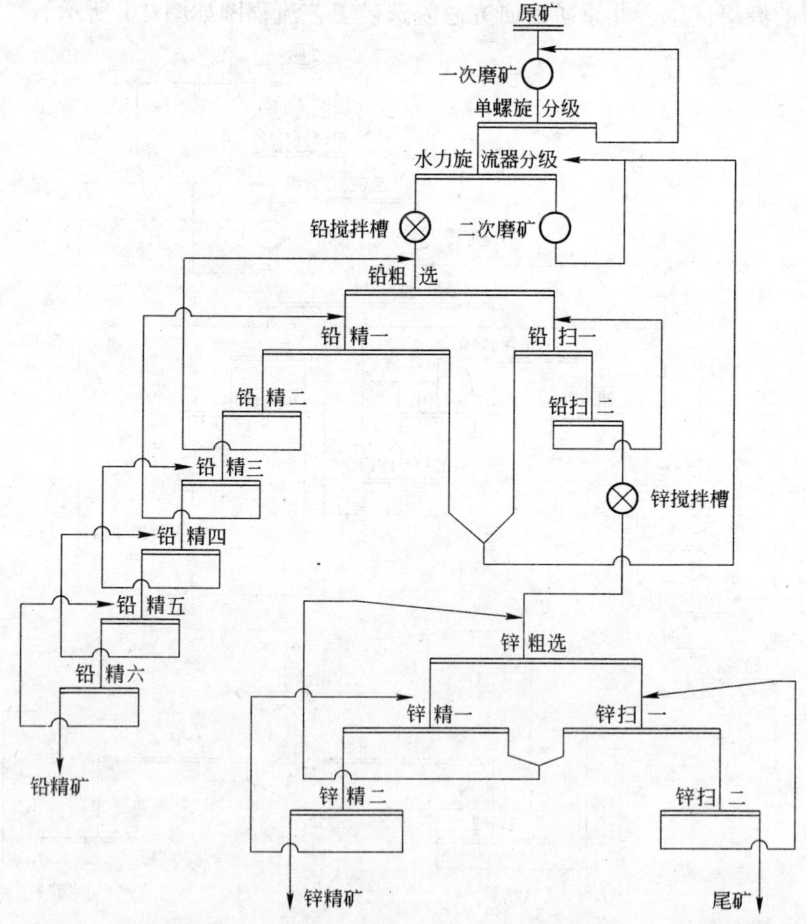


图9-2 难选铅锌矿电位调控清洁选矿新工艺生产流程（四川会理锌矿）

情景图如图 9-3 所示。

**表 9-1 电位调控铅锌优先浮选分离工艺与原工艺生产指标对比**

| 生产年份及工艺 | 原矿品位/% | | 精矿品位/% | | 回收率/% | | 原矿锌氧化率/% |
|---|---|---|---|---|---|---|---|
| | Pb | Zn | Pb | Zn | Pb | Zn | |
| 1999 年度原工艺生产指标 | 1.78 | 10.44 | 51.94 | 56.20 | 46.54 | 82.57 | 10.84 |
| 新工艺工业试验指标 | 1.31 | 8.68 | 66.34 | 56.53 | 57.14 | 76.64 | 18.08 |
| 2003 年新工艺生产应用指标 | 1.40 | 9.28 | 65.21 | 56.48 | 52.30 | 84.85 | 13.92 |

**表 9-2 四川会理锌矿新工艺与原工艺药剂消耗对比**（g/t）

| 药剂名称 | 2 号油 | 石灰 | 丁基黄药 | 黑药 | $ZnSO_4$ | $CuSO_4$ | $Na_2S$ | $Na_2CO_3$ | 六偏磷酸钠 | $Na_2SO_3$ | SN-9 号 |
|---|---|---|---|---|---|---|---|---|---|---|---|
| 新工艺 | 98 | 5530 | 104 | | 308 | 820 | 60 | | | 120 | 64 |
| 原工艺 | 136 | 6200 | 120 | 80 | 421 | 992 | 230 | 93 | 52 | | |

图 9-3 新工艺实施后四川会理锌矿选铅情景

两年来的生产实践表明：与选矿厂以往生产工艺相比，新工艺过程稳定，易于操作，能显著提高铅锌精矿的质量，较大幅度提高锌回收率，对矿石适应性强，所采用的药剂与原生产工艺采用的药剂相比，不仅有利于矿山的环境保护及清洁生产，而且生产成本大幅降低，圆满地解决了长期困扰选矿生产的难题。

## 9.2 四川省会东铅锌矿的实际应用

四川省会东铅锌矿属于碳酸岩热液充填交代以锌为主的硫化铅锌银矿床，是含锌、铅、银等多种金属的大型矿山。选矿厂是一座日处理1050t原矿的中型铅锌矿选厂。原先选矿生产主要获得锌精矿，即当原矿含铅小于0.50%时不选铅单纯浮锌，用纯碱作矿浆pH值调整剂，采用硫酸铜活化闪锌矿，38号黄药浮闪锌矿的工艺流程和药剂制度来得到锌精矿；当原矿含铅大于0.50%时采用抑锌浮铅优先浮选工艺，即采用纯碱和硫酸锌抑闪锌矿浮方铅矿，再采用硫酸铜活化闪锌矿，38号黄药浮闪锌矿的工艺流程和药剂制度来得到铅精矿和锌精矿。经全矿广大干部职工的长期努力，取得了锌精矿质量大于55%，锌回收率约90%的较好指标，也取得了较大的经济效益。但铅精矿品位不高，只有45%左右，铅精矿中含锌较高，达12%左右，而回收率只有约35%。

四川省会东铅锌矿选矿厂原生产工艺不足之处在于所选药剂与矿石性质不适应，尤其是因其铅锌比较高，所选捕收剂捕收力太强而选择性较差，所选抑制剂对锌硫矿石抑制力不够，在浮选现象上，造成铅中矿循环量大，继而影响铅、锌精矿品位。

针对四川省会东铅锌矿的铅锌选矿新工艺工业试验已于2003年8月完成，工业试验在生产现场采用原工艺和新工艺同时对比试验，其结果如表9-3所示。

由表9-3结果可见，新工艺可使铅锌实现有效分离，不但铅锌精矿质量比原工艺高，而且精矿产品中主金属铅、锌回收率分别提高18.15%、1.13%。新工艺采用（石灰 + $Na_2SO_3$ + $ZnSO_4$）作锌矿物的抑制剂，其用量为石灰约4kg/t，（$Na_2SO_3$ + $ZnSO_4$）用量约1.0kg/t，而原工艺采用 $Na_2CO_3$ + $ZnSO_4$ 作抑制剂，其用量为 $Na_2CO_3$ 约

3kg/t，$ZnSO_4$ 约 0.8kg/t，原工艺 $Na_2CO_3$ 的用量和价格均比新工艺石灰高。经计算，每吨原矿新工艺的药剂成本将比原工艺降低约 3.5 元。因此新工艺不但能取得较佳的选别指标，而且有明显的成本优势，具有显著的社会经济效益。

**表 9-3 四川省会东铅锌矿新工艺工业试验和原工艺生产指标对比结果（%）**

| 工 艺 | 产 物 | 品 位 | | 回收率 | | 锌矿物氧化率 |
|---|---|---|---|---|---|---|
| | | Pb | Zn | Pb | Zn | |
| 新工艺工业试验（2003 年 8 月 1 日 ~ 2003 年 8 月 18 日） | 铅精矿 | 55.25 | 8.43 | 53.63 | 0.51 | 5.54 |
| | 锌精矿 | 1.25 | 57.04 | 32.66 | 92.08 | |
| | 尾 矿 | 0.15 | 1.27 | 13.71 | 7.41 | |
| | 原 矿 | 0.82 | 13.31 | 100.00 | 100.00 | |
| 原工艺（2003 年 8 月 1 日 ~ 2003 年 8 月 18 日） | 铅精矿 | 50.68 | 15.28 | 35.48 | 0.79 | 5.32 |
| | 锌精矿 | 2.05 | 56.84 | 44.23 | 90.95 | |
| | 尾 矿 | 0.33 | 1.82 | 20.29 | 8.26 | |
| | 原 矿 | 1.20 | 16.18 | 100.00 | 100.00 | |

## 9.3 内蒙古东升庙矿业有限责任公司的实际应用

内蒙古东升庙矿业有限责任公司下属的第一、第二、第三选矿厂，分别建成于 2002 年 8 月 28 日、2005 年 6 月 28 日、1995 年 8 月 25 日，其中的第一与第三选矿厂处理铅锌硫矿石，处理能力分别为 60 万吨/年、3.5 万吨/年；第二选矿厂目前处理单铜矿石，处理能力约为 15 万吨/年。第一与第三选矿厂采用的工艺流程为铅、锌优先浮选流程，即采用丁铵黑药为选铅捕收剂，（$ZnSO_4 + Na_2CO_3$）作锌铁硫化矿的抑制剂，选锌尾矿再用 $CuSO_4$ 活化，38 号黄药选锌，在原矿含铅 1.20% ~1.40%、锌 8.60% ~12.00% 条件下，经一粗二扫五精选铅获得含铅 50%、铅回收率为 64% 的铅精矿。一粗二扫五精选锌获得含锌 42%、锌回收率为 85% 的锌精矿。

内蒙古东升庙矿业有限责任公司选矿厂原生产工艺不足之处在于所选药剂与矿石性质不适应，尤其是因其铅锌比较高，锌矿石是铁闪锌矿，而硫铁矿又是磁黄铁矿，在浮铅抑锌硫时所选铅矿物捕收剂选择性较差，采用的锌硫矿物抑制剂对锌硫矿石抑制力不够，造成锌铁硫化矿大量上浮，导致铅中矿循环量大，进而影响铅精矿品位；在锌硫分离时，靠大量添加石灰来抑制硫化铁矿物，一方面造成铁锌矿被抑制而影响锌回收率，另一方面因石灰的作用时间短而大量消耗黄药类捕收剂，导致选矿药剂成本居高不下。

针对内蒙古东升庙矿业有限责任公司的铅锌选矿新工艺工业试验已于2005年9月完成，工业试验在生产现场采用原工艺（一选厂）和新工艺（三选厂）同时对比试验，其结果如表9-4所示。

**表9-4 内蒙古东升庙矿业有限责任公司新工艺工业试验和原工艺生产指标对比结果（%）**

| 工 艺 | 产 物 | 品 位 | | 回收率 | | 锌矿物氧化率 |
|---|---|---|---|---|---|---|
| | | Pb | Zn | Pb | Zn | |
| 新工艺工业试验（2005年8月11日~2005年8月31日） | 铅精矿 | 53.62 | 7.23 | 73.34 | 1.42 | 5.63 |
| | 锌精矿 | 1.08 | 46.01 | 15.05 | 91.93 | |
| | 尾 矿 | 0.22 | 0.88 | 11.60 | 6.65 | |
| | 原 矿 | 1.47 | 10.25 | 100.00 | 100.00 | |
| 原工艺（2005年8月11日~2005年8月31日） | 铅精矿 | 50.62 | 14.23 | 65.27 | 2.72 | 5.28 |
| | 锌精矿 | 1.78 | 42.35 | 24.02 | 84.60 | |
| | 尾 矿 | 0.21 | 1.68 | 10.71 | 12.68 | |
| | 原 矿 | 1.52 | 10.27 | 100.00 | 100.00 | |

由表9-4结果可见，新工艺可使铅锌实现有效分离，不但铅、锌精矿质量比原工艺高，而且精矿产品中主金属铅、锌回收率分别提高8.07%、7.23%。新工艺采用（石灰 + $Na_2SO_3$ + $ZnSO_4$）作锌矿物的抑制剂，其用量为石灰约4kg/t，（$Na_2SO_3$ + $ZnSO_4$）用量约1.0kg/t，而原工艺采用（$Na_2CO_3$ + $ZnSO_4$）作抑制剂，其用量为$Na_2CO_3$约3kg/t，$ZnSO_4$约0.8kg/t，原工艺$Na_2CO_3$的用量和价格均比新工艺石灰高。经计算，每吨原矿新工艺的药剂成本将比原工艺降低约2.8元。因此新工艺不但能取得较佳的选别指标，而且有明显的成本优势，具有显著的社会经济效益。

## 9.4 新工艺技术评价及经济效益

新工艺在工业上的成功应用，为企业带来了巨大的经济效益。以已经通过技术鉴定的四川会理锌矿有限责任公司（川科鉴字［2003］第72号）和四川省会东铅锌矿（赣科鉴字［2005］第203号）为例，新工艺因采用了新药剂制度，“改善了操作环境，降低了环境污染”，具有“对矿石适应性强，受季节温差影响小，工艺过程稳定，易于监控、操作与管理”等优点，新工艺“有效解决了复杂难选铅锌矿的选矿难题，药剂制度新颖、选别工艺先进，整体技术达到国际领先水平，具有良好的推广应用前景。”据财务统计，采用新工艺后，四川会理锌矿有限责任公司从2003年1月~2005年12月新增利润4941.4616万元，四川省会东铅锌矿从2003年8月~2005年12月新增利润3351.9580万元，内蒙古东升庙矿业有限责任公司从2005年10月~2005年12月新增利润1012.4668万元。

# 参考文献


[1] Gu Guohua, Liu Ruyi. Original Potential Flotation Technology for Sulfide Minerals [J]. Trans. Nonferrous. Met. Soc. China, 2000, 10(6): 76～79.

[2] 顾帼华，王淀佐，刘如意，等．硫化矿电位调控浮选及原生电位浮选技术[J]．有色金属，2000，52(2)：18～21.

[3] 顾帼华，胡岳华，徐竞，等．方铅矿原生电位浮选及应用[J]．矿冶工程，2002，22(4)：30～32.

[4] 顾帼华．硫化矿磨矿浮选体系中的氧化还原反应与原生电位浮选[D]．学位论文．长沙：中南工业大学矿物工程系，1998.

[5] 郑伦，张笃．电位调控浮选在凡口铅锌矿的应用[J]．中国矿山工程，2005，34(2)：1～4，8.

[6] 孙延绵．铅锌矿[M]．中国矿情，第二卷．北京：科学出版社，1999：235～284.

[7] 王吉坤，周廷熙．硫化锌精矿加压酸浸技术及产业化[M]．北京：冶金工业出版社，2005.

[8] 东乃良，李凤楼．铅锌多金属矿选矿[M]．选矿手册，第八卷，第一分册．北京：冶金工业出版社，1989：189～332.

[9] 赵纯禄．铁闪锌矿浮选工艺过程的特性[J]．有色金属：选矿部分，1995(5)：4～7.

[10] 陈家栋，邓敬石．富含铜、铅离子铅锌矿浮选研究[J]．云南冶金，2001，30(4)：8～11.

[11] 赵武壮，冯君从．调整产业结构，控制生产总值——当前我国铅锌工业的首要选择（上）[N]．中国有色金属报，2001-6-7(1).

[12] 熊文良，童雄．云南铅锌选矿存在的问题与对策[J]．国外金属矿选矿，2003，(8)：9～14.

[13] 陈华强，罗仙平，罗洪涛．会理锌矿选矿流程沿革评述[J]．四川有色金属，2004，(3)：7～10，54.

[14] 邱廷省，罗仙平，陈卫华，等．提高会东铅锌矿选矿指标的试验研究[J]．金属矿山，2004，(9)：34～36.

[15] 罗仙平，王淀佐，孙体昌，等．某铜铅锌多金属硫化矿电位调控浮选试验研究[J]．金属矿山，2006，(6)：30～34.

[16] 董明传，陈建民，兰桂密．车河选矿厂硫化矿分离的新工艺研究与应用[J]．有色金属：选矿部分，2005，(3)：13～16.

[17] 王吉坤，周廷熙，吴锦梅．高铁闪锌矿精矿加压酸浸新工艺研究[J]．有色金属：冶炼部分，2005，(1)：5～8.

[18] 王吉坤，周廷熙，吴锦梅．高铁闪锌矿精矿加压浸出半工业试验研究[J]．中国工程科学，2005，7(1)：60～64.

[19] 童雄，周庆华，何剑，等．铁闪锌矿的选矿研究概况[J]．金属矿山，2006，7(6)：8 ~12.

[20] 邓海波．高锰酸钾对铁闪锌矿浮选行为的影响[J]．江西有色金属，1990，(3)：18 ~ 20.

[21] 冷崇燕，张文彬．铵盐对铁闪锌矿浮选的活化作用[J]．国外金属矿选矿，1998，(8)：20 ~21.

[22] 蓝方钊，陈良，周成斌．硫酸锌和氯化铵在铅锌分离中的作用[J]．有色金属：选矿部分．1991，(1)：41 ~42.

[23] 罗仙平，严群，聂光华，等．含铁闪锌矿的锌矿石选矿试验研究[J]．四川有色金属，2002，(3)：37 ~40.

[24] 魏盛甲．铁闪锌矿与黄铁矿的分离技术进展[J]．有色金属：选矿部分．2001，(1)：1 ~4.

[25] 黎鸿冰．铁闪锌矿与毒砂、黄铁矿浮选分离研究[J]．有色金属：选矿部分．1991，(4)：42.

[26] 胡喜贞．提高铁闪锌矿选矿指标的实践[J]．广西冶金．1992，(2)：18 ~25.

[27] 赵纯禄，李凤楼，王国德，等．铁闪锌矿与黄铁矿浮选分离工艺及工业实践[J]．有色金属：选矿部分．1990，(4)：9 ~12.

[28] Boulton A, Fornasiero D, Ralston J. Depression of Iron Sulphide Flotation in Zinc Roughers. Minerals Engineering. 2001, 14(9): 1067 ~1079.

[29] Boulton A, Fornasiero D, Ralston J. Effect of Iron Content in Sphalerite on Flotation. Minerals Engineering, 2005, 18(11): 1120 ~1122.

[30] 胡熙庚．有色金属硫化矿选矿[M]．北京：冶金工业出版社，1987.

[31] 胡为柏．浮选[M]．第2版．北京：冶金工业出版社，1989.

[32] 国家自然科学基金委员会工程与材料科学部．学科发展战略研究报告（2006 ~2010年）——冶金与材料制备工程科学[M]．北京：科学出版社，2006.

[33] 邓海波，许时．脆硫锑铅矿的浮选机理和与铁闪锌矿的分离[J]．有色金属：选矿部分，1990.

[34] Glembotsky A V, Glinkin V A, Seregin V P, et al. Research in Interaction between Low-molecular Organic Depressants of Dialkyldithioncarbamates with Sulphide Minerals[J]. Tsvetnaya metallurgia, 1993, (8): 13 ~15.

[35] Glembotsky A V, Glinkin V A, Seregin V P, et al. The Replacement of Cyanide by a New Organic Depressant in Selective Flotation of Polymetallic Lead-Zinc-Silver Ores[M]. In: Proceedings of the XIX IMPC-Aachen. 1995: 205.

[36] Bonnissel-Gissinger P, Alnot M, Ehrhardt J, et al. Surface Oxidation of Pyrite as a Function of pH[J]. Environmental Science and Technology, 1998, 32: 2839 ~2845.

[37] Richardson P E, Chen Z, Tao D P, et al. Electrochemical Control of Pyrite-Activation by Copper[J]. Proc. Electrochem. Mineral and Metal Processing Ⅳ. Ed. Wood R, Doyle F M

and Richardson P E. The Electrochemical Society, Pennington, NJ, 1996: 179 ~ 190.

[38] 王淀佐，林强. 选矿与冶金药剂分子设计[M]. 长沙：中南工业大学出版社. 1996.

[39] 覃文庆. 硫化矿物颗粒的电化学行为和电位调控浮选技术[D]. 长沙：中南工业大学矿物工程系. 1997.

[40] Fuerstenau D W. The Froth Flotation Century [J]. In: Parekh B K, Miller J D edited. Advances in Flotation Technology. Canada: Society for Mining, Metallurgy and Exploration, Inc. Press. 1999: 3 ~ 21.

[41] Everson C J. Process of Concentraing Ores. U. S. Patent: No. 348145[P].

[42] Braford H. Method of Saving Flotation Materials in Ore Separation. U. S. Patent: No. 345951 [P].

[43] Klimpel R R. A Review of Sulfide Mineral Collector Practice[J]. In: Parekh B K, Miller J D edited. Advances in Flotation Technology. Canada: Society for Mining, Metallurgy and Exploration, Inc. Press. 1999: 115 ~ 127.

[44] Fuerstenau M C. Flotation[J]. New York: American Institute of Mining, Metallurgical and Petroleum Engineering Inc. 1976: 334 ~ 357.

[45] Sutherland K L, Wark I W. Principles of Flotation. Australian Institute of Mining and Metallurgy[M]. Inc. Press, Melbouren. 1955.

[46] 孙水裕. 硫化矿浮选的电化学调控及无捕收剂浮选[D]. 长沙：中南工业大学矿物工程系. 1990.

[47] 孙伟. 高碱石灰介质中电位调控浮选技术原理与应用[D]. 长沙：中南大学. 2001.

[48] 李凤楼，马赛夫斯基 G N，沃国经，等. 电化学控制浮选在西林铅锌矿的应用[J]. 矿冶. 1995, 4(3): 26 ~ 31.

[49] 缪建成，王方汉，刘如意，等. 南京铅锌银矿电位调控浮选的研究与应用[J]. 有色金属：选矿部分. 5 ~ 8.

[50] 孙水裕，刘如意. 电位调控浮选技术选别南京铅锌银矿的实验室研究与生产实践[J]. 广东工业大学学报，2000, 17 (3): 1 ~ 5.

[51] Liu Ruyi, Sun Shuiyu, Gu Guohua. Development in Selective Flotation of Galena from Lead-Zinc-Iron Sulfide Ores in China[J]. Trans. Nonferrous. Met. Soc. China. 2000, 10 (6): 49 ~ 55.

[52] 王淀佐，卢寿慈，陈清如，等. 矿物加工学[M]. 徐州：中国矿业大学出版社. 2003.

[53] Sutherland K L, Wark I W. Principles of Flotation[M]. Melbourne: Australaian Institute of Mining and Metallurgy. 1955.

[54] 王淀佐. 矿物浮选与浮选剂[M]. 长沙：中南工业大学出版社. 1986.

[55] 王淀佐. 浮选理论的新进展[M]. 北京：科学出版社，1992.

[56] Wood R. 硫化矿浮选的电化学[J]. 国外金属矿选矿，1993,30(4): 1 ~ 28.

[57] 刘斌，罗仙平，鲍洁艳. 电化学处理的理论与实践[J]. 南方冶金学院学报，1998, (Suppl.): 37 ~ 40.

[58] 俞瑞．电化学处理在选矿工艺中的应用[J]．国外金属矿选矿．1996，33(10)：1~7.

[59] Heyes G W, Trahar W J. The Natural Flotability of Chalcopyrite [J]. Int. J. Miner. Process. 1977, 4(4): 317~344.

[60] Gardner J R, Woods R. An Electrochemical Investigation of the Natural Flotability of Chalcopyrite[J]. Int. J. Miner. Process. 1979, 6(1): 1~16.

[61] Hamilton I C, Woods R. A Voltammetric Study of the Surface Oxidation of Sulfide Minerals [J]. In: Richardson P E edited. Electrochemistry in Mineral and Metal Processing. Inc NJ. 1984: 159~286.

[62] Buckley A N, Woods R. Investigation of the Surface Oxidation of Sulfide Mineral via ESCA and Electrochemical Techniques[J]. In: Yayar B, Spotliswood D J edited. Interfacial Phenomena in Mineral Processing. 1982: 3~17.

[63] Pritzker M D, Yoon R H. Thermodynamic Calculations and Electrochemical Studies on the Galena-Ethylxanthale Techniques[J]. In: Richardson P. E. edited. Electrochemistry in Mineral and Metal Processing. Inc NJ. 1984: 159~286.

[64] Lutterd G H, Yoon R H. Surface Chemistry of Collectorless Flotation of Chalcopyrite[J]. In: Proceedings of the 112th SME-AIME Annual Meeting. Atlanta. 1983: 83~106.

[65] Buckley A N. The Surface Oxidation of Cobalita [J]. In: Extended Abstracts 2nd Inter. Symposium on Analytical Chemistry in the Exploration, Mining and Processing of Minerals. Pretoria, South Africa. 1985: 81~90.

[66] Glazunov L A. Increasing the Effectiveness of Mineral Floation by the Formation of Elemental Sulfur on Their Surface[J]. Tevet. Met., 1996, (6): 86~90.

[67] Yoon R H. 18th IMPC, 1993, (3): 611~618.

[68] 王淀佐．浮选工艺及浮选剂的发展和新概念[J]．湖南冶金，1983，(5)：8.

[69] Findelstein N P, Goold L A. The Reation of Sulfide Minerals with Thiol Compounds[J]. National Institute of Metallurgy. South Africa Report, 1992: 1439~1443.

[70] Zhuo Chen, Roe-hoan Yoon. Electrochemistry of Copper Activatiation of Sphalerite at pH 9.2 [J]. Int. J. Miner. Process., 2000, 58: 57~66.

[71] Morey M S, Grano S R, Ralston J, et al. The Electrochemistry of $Pb^{2+}$ Activated Sphalerite in Relation to Flotation[J]. Int. J. Miner. Process., 2001, 59: 1009~1017.

[72] Gu Guohua, Hu Yuehua, Qiu Guanzhou, et al. Electrochemistry of Sphalerite Activated by $Cu^{2+}$ Ion[J]. Trans. Nonferrous Met. Soe. China, 2000, (10): 64~67.

[73] Young C A, Woods R, Yoon R H. A Voltammetric Study of Chalcocite Oxidization to Metastable Copper Sulfides [J]. In: Richardson P E , R. Proc. Int. Symp. Electrochemistry in Mineral and Metal Processing Ⅱ. Pennington: Electrochem. Soc., 1988: 3~17.

[74] 余润兰，邱冠周．$Cu^{2+}$活化铁闪锌矿的电化学[J]．金属矿山，2004，(2)：35~40.

[75] Lowson R T, Aqueous Oxidation of Pyrite by Molecular Oxygen[J]. Chem. Rev., 1982, 82 (5): 461~497.

[76] Mishra K K, Osseo-Asare K. Aspects of the Interface Electrochemistry of Semiconductor Pyrite[J]. J. Electroehem. Soc., 1988, 135(10): 2502~2509.

[77] Woods R, Yoon R H, Young C A. Eh-pH Diagrams for Stable and Metastable Phases in the Copper-sulfur-water System[J]. Int. J. Miner. Process, 1987, 20: 109~120.

[78] Eigillani D A, Fuersenau M C. Mechanism Involved in cyanide Depression of Prite[J]. Trans. Amer. Inst. Min. Metall. Petrol. Enars., 1968, (241): 437~445.

[79] Castro S, Larrondo J. An Electrochemical Study of Depression of Flotation of Chalcoprite by Cyanide and Iron-Cynide[J]. J. Electro. Chem., 1981, (118): 317~326.

[80] 卢寿慈. 矿物浮选原理[M]. 北京: 冶金工业出版社, 2001: 70~75.

[81] 陈建华. 电化学浮选能带理论及其在有机抑制剂研究中的应用[D]. 长沙: 中南工业大学博士论文, 1999.

[82] 冯其明, 陈荩. 硫化矿物浮选电化学[M]. 长沙: 中南工业大学出版社. 1992: 1~2, 84~85, 77~79, 154~158.

[83] 克拉克 D W, 等. 通过充氮和硫化调浆来提高硫化铜矿物浮选回收率[J]. 国外金属矿选矿, 2000, 12: 10~14.

[84] Martin C J, Rao S R, Finch J A, et al. Complex Sulphide Ore Processing with Pyrite Flotation by Nitrogen[J]. Int. J. Miner. Process. 1989, 26: 95~110.

[85] Woods R. The Oxidation of Ethy-Xanthate to the Mechanism of Mineral Flotation [J]. J. Phs. Chem., 1971, (75): 354~362.

[86] 胡庆春. 方铅矿-毒砂浮选分离的电化学[D]. 长沙: 中南工业大学硕士论文, 1988: 1~10.

[87] Gardner J R, Woods R. An Electrochemical Investigation of the Natural Floatability of Chalcopyrite[J]. Int. J. Miner. Process. 1979, (6): 1~16.

[88] 冯其明, 等. 浮选电化学[M]. 长沙: 中南工业大学出版社, 1993: 88~89.

[89] 冯其明. 硫化矿物浮选矿浆电化学理论和工艺研究[D]. 长沙: 中南工业大学博士论文, 1990.

[90] Buckley A N, Woods R. Chemisorption-thermodynamically Favored Process in the Interaction of Thiol Collectors with Sulfide Minerals[J]. Int. J. Miner. Process., 1997, 51: 15~26.

[91] Aloson F N, Trevino T P. Pulp Potential Control in Flotation[J]. the Metallurgical Quarterly, 2002, 41(4): 391~398.

[92] Mielezarski J A. Reply to Comment on in Situ and ex Situ Infrared Studies of Nature and Structure of Thiol Layers Adsorbed on Cuprous Sulfide at Controlled Potential. Simulation and Experimental Results[J]. Langmuir, 1997, 13: 878~880.

[93] Lippinen I O, Basilio C I, Yoon R H. Ftir Study Thiocarbamate Adsorption on Sulfide Minerals[J]. Colloids and Surfaces, 1998, 32: 113~125.

[94] Buckly S N, Woods R. An X-ray Photoelectron Spectroscopic Study of the Oxidization of Galena[J]. Appl. Surf. Sci., 1984, 17: 401~404.

[95] Buckley A N. A Survey of the Application of X-ray Photoelectron Spectroscopy to Flotation Reseach[J]. Colloids Surf., 1994, 93: 159~172.

[96] Kartio I J, Basilio C I, Yoon R H. An XPS Study of Sphalerite Activation by Copper[J]. In: Woods R, Doyle F, Richardson P E (Eds), Electrochemistry in Mineral and Metal Processing Ⅳ. The Electrochemical Society, 1996: 25~34.

[97] Buckley A N, Woods R, Wouterlood H J. An XPS Investigation of the Surface of Natural Sphalerites under Flotation-related Conditions [J]. Int. J. Miner. Process., 1989, 26: 29~49.

[98] Kelsall G H, Yin Q, Vaughan D J, et al. Electrpcjemical Oxidation of Pyrite in Acidic Aqueous Electrolytes[J]. In: Proceeding 4th International Symposium on Electrochemistry in Mineral and Metal Processing. Electrochemical Society, 1996, 96: 131~142.

[99] Nagaraj D R, Brinen J S. Sims Study Adsorption of Collectors on Pyrite [J]. Int. J. Miner. Process, 2001, 63: 45~47.

[100] O' Dea A R, Prince K E, Smart R S C, et al. Secondary Ion Mass Spectrometry Investigation of the Interaction of Xanthate with Galena [J]. Int. J. Miner. Process, 2001, 61: 121~143.

[101] Laajalehto K, Smart R St C, Ralston J, et al. STM and XPS Investigation of Reaction of Galena in Air[J]. Appl. Surf. Scil, 1993, 64(1): 29~39.

[102] Costa M C, Botelho do Rego A M, Abrants L M. Characterization of a Natural and an Electro-oxidized Arsenopyrite: a Study on Electrochemical and X-ray Photoelectron Spectroscopy [J]. Int. J. Miner. Process, 2002, 65: 83~108.

[103] Woods R, Hope G A, Watling K. Surface Enhanced Raman Scattering Spectroscopic Studies of the Adsorption of Flotation Collectors[J]. Minerals Engineering, 2000, 13(4): 345~356.

[104] 周仲柏，陈永言．电极过程动力学基础教程[M]．武汉大学出版社，1989: 252~309.

[105] 史美伦．交流阻抗谱原理及应用[M]．北京：国防工业出版社，2001: 307~348.

[106] 宋光铃，曹楚南，林海潮．电化学控制条件下不可逆电极交流阻抗的统一换算电路和电化学参数解析[J]．中国腐蚀与防护学报[J]. 1994, 14(2): 113~122.

[107] 曹楚南．混合电位下的法拉第导纳[J]．中国腐蚀与防护学报，1993, 13(2): 91~99.

[108] 马厚义，程晓亮．应用交流阻抗研究有法拉第吸附的电极过程[J]．山东大学学报：自然科学，1997, 4.

[109] 马厚义，张吉平，程晓亮，等．含有电化学吸附中间物的电极过程的交流阻抗理论[J]．山东大学学报：自然科学，1998, 01.

[110] 查全性，等．电极过程动力学导论[M]. 3版．北京：科学出版社，2002: 129~170.

[111] 格列姆博茨基．浮选过程物理化学基础[M]．郑飞等译．北京：冶金工业出版社，

1985：168～195.

[112] 杨怀玉，陈家坚，曹楚南，曹殿珍．$H_2S$ 水溶液中的腐蚀与缓蚀作用机理的研究——碳钢在碱性 $H_2S$ 溶液中的阳极钝化及钝化膜破裂[J]．中国腐蚀与防护学报，2000，20(1)：8～14.

[113] 程玉峰，杜元龙，曹楚南．$Na_2SO_4$ 溶液中环己胺的缓蚀机理及其吸附与脱附行为[J]．中国腐蚀与防护学报，1997，17(2)：142～145.

[114] 王建明，曹楚南，林海潮．酒石酸铅对锌在碱液中的缓蚀作用及其与四丁基溴化铵的协同效应[J]．中国腐蚀与防护学报，1997，17(1)：36～39.

[115] Entric Brillas，Pere Liuis Cabot etc. Faradic Impedance Behavior of Oxidized and Reduced poly（2，5-di-(-2-thieny1)-thiophene）Films[J]. Journal of Electroanalytical Chemistry，1997，430：133～140.

[116] Xiaoming Ren，Peter G Pickup. An Impedance Study of Electron Transport and Electron transfer in Composite Polypyrrole + Polystyrenesulphonate Films[J]. Journal of Electroanalytical Chemistry，1997，420：251～257.

[117] Fernando Patolsky，Maya Zayats etc. Precipitation of an Insoluble Product on Enzyme Monolayer Electrodes for Biosensor Applications：Characterization by Faradic Impedance Spectroscopy，Cyclic Voltammetry，and Microgravimetric Quartz Crystal Microbalance[J]. Anal. Chem.，1999，71：3171～3180.

[118] 陈志亮，等．电化学交流阻抗技术表征自装多层膜[J]．分析化学，2001，01：78～81.

[119] Takahashi K，王晖．巯基苯并噻唑在黄铁矿表面吸附的量子化学分子轨道方法研究[J]．国外金属矿选矿，1994（11）：4～12.

[120] Yamaguchi. The Mechanism of 2-Benzothiazolethiol on the Surface of Pyrite[J]. XVIII IMPC.，1993(3)：594～601.

[121] Schukarew S V. Adsorption Behavior and Mechanism of Ethyl Xanthate on Surface of Galena[J]. Int. J. Miner. Process.，1994，41(2)：99～114.

[122] 丁敦煌，等．硫化矿物的表面结构和表面电荷及无捕收剂浮选[J]．中国有色金属学报，1994，4(3)：35～40.

[123] Qiu Guanzhou，Hu Yuehua，Qin Wenqing. Internation Workshop on Electrochemistry of Flotation of Sulfide Minerals-Honoring Professor Wang Dianzuo for His 50 Years Working at Mineral Processing[M]. Transaction of Nonferrous Metals Society of China. 2000，10（special Issue).

[124] Gu Guohua，Hu Yuehua，Wang Hui，et al. Original Potential Flotation of Galena and Its Industrial Application[J]. J. Cent. South Univ. Technol.，2002，9(2)：91～94.

[125] 顾帼华，刘如意，王淀佐．提高北山铅锌矿选矿指标的电位调控浮选研究[J]．矿冶工程，1997，17(3)：27～31.

[126] 赵永红，谢明辉，罗仙平．去除水中黄药的试验研究[J]．金属矿山，2006，（6）：

75 ~ 77.

[127] 顾帼华，王淀佐，刘如意．硫酸铜活化闪锌矿的电化学机理[J]．中南工业大学学报．1999，30(4)：374 ~ 377.

[128] Finkelstein N P，Allison S A. The Chemistry of Activation，Deactivation and Depression in the Flotation of Zinc Sulfide：a Review[M]. In：Fuerstenau M C（Ed.），Flotation：Gaudin A M Memorial Volume，New York：American Institute of Mining，Metallurgical and Petroleum Engineering，1976：414 ~ 451.

[129] Fuerstenau D M. Activation in the Flotation of Sulphide Minerals[M]. In：King R P（Ed.），Principles of Flotation. Johannesburg：South African Institute of Mining and Metallurgy，1982：183 ~ 199.

[130] Laskowski J S，Liu Q，Zhan Y. Sphalerite Activation：Flotation and Electrokinetic Studies [J]. Minerals Engineering，1997，10（8）：787 ~ 802.

[131] Finkelstein N P. The Activation of Sulphide Minerals for Flotation：a Review[J]. Int. J. Miner. Process，1997，52(1-2)：81 ~ 120.

[132] Finkelstein N P. Addendum to：The Activation of Sulphide Minerals for Flotation：a review [J]. Int. J. Miner. Process.，1999，55：283 ~ 286.

[133] Rey M，Formanek V. Some Factors Affecting Selectivity in the Differential Flotation of Lead-zinc Ores，Particularly the Presence of Oxidized Lead Minerals[M]. Proceedings of the Ⅴth International Mineral Processing Congress. London：IMM. 1960：343 ~ 354.

[134] Houot R，Ravenau P. Activation of Sphalerite Flotation in the Presence of Lead Ions[M]. Int. J. Miner. Process，1992，35：253 ~ 271.

[135] Khmeleva T N，等．亚硫酸氢钠对被铜离子活化的闪锌矿无捕收剂浮选的抑制机理[J]．国外金属矿选矿，2005，（11）：21 ~ 25，12.

[136] Shen W Z，等．亚硫酸钠存在时闪锌矿和黄铁矿的浮选[J]．国外金属矿选矿，2003，（11）：22 ~ 26.

[137] 会理锌矿编．会理锌矿志，1988，1702 ~ 1985.

[138] 高新章，李凤楼，师建忠，等．会理锌矿铅锌分离研究[J]．有色金属：选矿部分．1995，（4）：1 ~ 5，18.

[139] 罗洪涛．会理锌矿铅锌分离现状及发展方向[J]．云南冶金．1999，28（5）：10 ~ 13，22.

[140] 罗仙平，邱廷省，严志明，等．会理锌矿铅锌浮选分离新工艺研究[J]．有色金属：选矿部分，2002.（3）：1 ~ 4.

[141] 罗仙平，邱廷省，胡玖林，等．某复杂铅锌硫化矿选矿工艺试验研究[J]．有色金属：选矿部分，2003，（4）：1 ~ 3，27.

[142] 罗仙平，王淀佐，孙体昌．会理难选铅锌矿石电位调控抑锌浮铅优先浮选新工艺[J]．有色金属，2006，58(3)：94 ~ 98.

[143] 罗仙平，程琍琍，胡敏，等．安徽新桥铅锌矿石电位调控浮选工艺研究[J]．金属矿

山，2008，(2)：61 ~65.

[144] 罗仙平，邱廷省．提高会理锌矿铅锌选矿指标的研究与实践[D]．2003 年全国矿产资源高效开发和固体废物处理处置技术交流会论文集．昆明．2003：181 ~184.

[145] 罗仙平，王淀佐，孙体昌，等．难选铅锌矿石清洁选矿新工艺小型试验研究[J]．江西理工大学学报，2006，27(4)：4 ~7.

[146] 罗仙平，严群，谢明辉，等．某氧化铅锌矿浮选工艺试验研究[J]．有色金属：选矿部分，2005，(1)：7 ~10，6.

[147] 罗仙平，付丹，吕中海，等．捕收剂在硫化矿物表面吸附机理的研究进展[J]．江西理工大学学报，2009，(5)：5 ~9，28.

# 冶金工业出版社部分图书推荐